MARIELLA BLÜMEL

BESTE FREUNDE

Beziehungsbuch für Mensch und Hund

MIT KOSMOS MEHR ENTDECKEN

Mit Humor und Konsequenz zum guten Team

SEIT 1822

KOSMOS

INHALT

Einleitung

Ja, ja. Die Hundehaltung. Da nimmt man einen Hund bei sich auf, umsorgt ihn, verwöhnt ihn und will nur sein Bestes. Und dann das: Das Wörtchen „Komm" wird für ihn immer mehr zum Fremdwort, die bis dato so nett begrüßten Zwei- und Vierbeiner werden plötzlich zum Staatsfeind Nr. 1, der Spaziergang wird zum Zerrspiel zwischen den beiden Leinenenden oder die Wohnungseinrichtung kreativ „renoviert".

Dieses Buch soll zeigen, dass es nicht nur Ihnen so geht, sondern jeder Hundehalter sein Päckchen zu tragen hat. Es ist ein Versuch, mit Worten darzulegen, was man in der Hundeerziehung alles richtig machen und was nach hinten losgehen kann. Es soll Ihnen mit Humor und Fachwissen das Gefühl geben, dass Sie nicht nur mit Ihren Problemen nicht allein sind, sondern auch, wie Sie sie bewältigen können. Und es soll Ihnen Mut machen, die Ausbildung Ihres Hundes in Angriff zu nehmen, um mit Freude und Optimismus an die Sache heranzugehen. Beides werden Sie brauchen, wenn Sie sich der Herausforderung als Erziehungsberechtigter eines Hundes stellen möchten. Denn nicht immer liegt das Interesse eines Hundes darin, seinem Menschen zu gefallen, und nicht immer sind Erziehungsmomente so lustig, wie sie sich im Nachhinein erzählen lassen.

Stellt man sich dieser Verantwortung aber trotzdem, ist das Ergebnis ein harmonisches Leben mit dem besten Freund, den man nur haben kann.

Warum dieses Buch keine Trainingsanleitungen enthält

1. Weil die Techniken selbst nur das i-Tüpfelchen auf dem Wort Erziehung sind. Ist die Basis durch eine gute Beziehungsarbeit und wertvolle Erziehungstipps gelegt, ist das Umsetzen von einzelnen Übungen, wie z. B. das Einlernen eines Kommandos, einfach.

2. Weil jeder Hund anders lernt. Ein Schema F in Form von einzelnen festen Trainingstechniken über alle Hunde zu legen ist daher weder sinnvoll noch zielführend. Vielmehr frustriert eine solche Vorgehensweise nur Halter und Hund, führt zu Mutlosigkeit und zu Selbstzweifel. Denn wieso klappt es bei allen anderen und bei mir nicht?

3. Weil man, um Einzelbeispiele geben und darlegen zu können, einen genauen Katalog der Vorgeschichte des Hundes, seiner Umweltbedingungen und seiner Persönlichkeit sowie seines Sozialgefüges geben müsste, andernfalls wäre eine solche Schilderung ungenau und damit unprofessionell. DEN unfolgsamen, ängstlichen oder aggressiven Hund gibt es nämlich nicht.

4. Weil es unmöglich wäre, die sich aus diesem Grund ergebende gesamte Bandbreite der Wenn-dann-Möglichkeiten in einem Buch darzulegen (nicht einmal bei einem Vielfachen dieses Buchumfangs). Einzelne Techniken herauszupicken würde aber wiederum nicht allen Mensch-Hund-Teams gerecht werden.

Um also wirklich allen Lesern sowie ihren Hunden gegenüber fair zu bleiben, enthält dieses Buch keine bebilderten Trainingsanleitungen für einzelne Lerntypen und Situationen, sondern widmet sich vielmehr der Frage, wie eine verantwortungsvolle Integration des Hundes in den Alltag gelingen kann. Es enthält sowohl Einblicke in die Seele eines Hundes als auch allgemeingültige Tipps, wie Sie mit diesem Wissen Ihren Hund in seine Rolle als vollwertiges Familienmitglied einführen können und ihn so zu einem harmonischen Begleiter für Ihr Leben machen. Diese Tipps basieren auf dem Verständnis über Hunde, ihre Entwicklungsgeschichte und ihrem Ausdrucksverhalten und werden daher allen Hunden gerecht, egal ob groß oder klein, jung oder alt, Hasenfuß oder Big Boss.

AUF DEN HUND

GEKOMMEN

WOLFSERBEN

Wölfe sind uns ähnlicher als wir vermuten. Vor allem diesem
Umstand verdanken wir das Zusammenleben mit unseren Hunden.

———

Was macht den Hund zum Hund?

Beschäftigt man sich mit Hunden, ihrem Wesen und ihrer Erziehung, kommt man um eine bestimmte Basis an Hundewissen nicht herum. Die Zusammenarbeit mit dem Tier Hund erfordert Sachkenntnis darüber, wie es seine Umwelt wahrnimmt, wie es kommuniziert und wie es leben möchte.

Um also einem Hund und seinen Bedürfnissen gerecht werden zu können, sollen nachfolgende Zeilen mit einigen ausgewählten Informationen einen kurzen Einblick geben, womit man es als Hundehalter überhaupt zu tun hat.

ABSTAMMUNG

Die Suche nach dem „Stammvater" des Hundes ergab spätestens seit dem Aufkommen des DNA-Tests zweifelsfrei, dass der Hund nach heutigem Erkenntnisstand vom Wolf abstammen muss. Dies ist auch der Grund, warum trotz einiger Unterschiede das Verhalten von Wölfen in der heutigen Verhaltensforschung über Hunde so oft vergleichend untersucht und herangezogen wird. Die genetische Übereinstimmung von Wölfen und Hunden liegt immerhin bei 99,96 % (Bloch 2012). Daher darf man bei der Arbeit mit Hunden die Erkenntnisse aus der Beobachtung von Wölfen auch nicht völlig außer Acht lassen. Auch Wolfshybriden (Wolfsmischlinge), Wildhunde und Dingos sind immer wieder Ziel solcher Untersuchungen.

Wolfsrudel z. B. sind hierarchisch gegliedert (eine Rangordnung für die Weibchen, eine für die Männchen) und besitzen ein soziales Gefüge, das dem von uns Menschen sehr ähnlich ist. Die Mitglieder betreiben untereinander Kontaktpflege und Fürsorge, aber auch Korrektur und Ausgrenzung und scheinen sich bezüglich Meinungen und Taktiken regelrecht „abzusprechen".

So groß die Gemeinsamkeiten zwischen Hunden und ihren Ahnen, den Wölfen, auch sind, so gibt es in puncto Verhalten doch einige Unterschiede. All diese Unterschiede entspringen wohl dem Zusammenleben mit dem Menschen und dessen Selektion auf eine verbesserte Kooperation und Adaptation des Hundes an das gemeinsame Leben. Eine solche Veränderung wäre etwa die größere Akzeptanz für Willkür eines dominanten über ein subdominantes Gruppenmitglied oder die Gültigkeit einer bestimmten Rangordnung für alle Bereiche des Lebens. Wölfe sind hierbei intoleranter und protestieren gegen ungerechte Behandlungen, auch wenn sie von ranghöheren Mitgliedern der Gruppe ausgeführt werden (Zimen 1988). Außerdem gilt bei Wölfen eine Rangordnung nicht für alle Bereiche des Zusammenlebens, weshalb es auch nicht immer die Alphas sind, die den Jagdbeginn einläuten oder denen das größte Stück der Beute gehört. Hunde sind hier wesentlich rangordnungstreuer und intoleranter ihren Artgenossen gegenüber. Auf eine einmal eroberte Position wird von ihnen wesentlich energischer beharrt.

1–3
Die Pfoten des Hundes dienen nicht nur zum Laufen, sie fungieren zudem als Sensor wie auch als Tastinstrument und stellen ein wichtiges Mittel zur Kommunikation dar.

Dem Menschen gegenüber aber sind sie weitaus toleranter als Wölfe. Sie zeigen sich ihm gegenüber kaum nachtragend, sind nachsichtiger bezüglich seinen Fehlern und stellen sich rascher auf dessen Verhaltensänderungen ein. Auch kooperieren Hunde mit dem Menschen nicht immer nur zu einem bestimmten Zweck, sondern tatsächlich hin und wieder auch nur, um ihm zu gefallen. Einem Wolf würde nie einfallen, „grundlos" mit einem Menschen zusammenzuarbeiten. Auch zeigten Studien (u. a. Range und Virányi 2015b oder Miklósi 2003), dass es Hunden wesentlich leichter fällt als Wölfen (und übrigens auch als allen anderen Tieren, inklusive Primaten), menschliche Gesten (z. B. einen Fingerzeig) richtig zu interpretieren.

So ist es also nicht verwunderlich, dass von allen möglichen Tieren Hunde diejenigen sind, deren Kommunikationsbereitschaft und deren soziale Voraussetzungen für eine enge Bindung und Freundschaft mit dem Menschen am besten geeignet sind.

ANATOMIE

Da Hunde ebenfalls Säugetiere sind, sind auch ihre Gehirnstrukturen und -funktionen ähnlich jenen von uns Menschen. Sie empfinden genau wie wir Gefühle und Schmerz. Ebenso ähneln ihre Strukturen, die für das soziale Zusammenleben zuständig sind, jenen von uns Menschen (Kotrschal 2014). Diese Parallelen in der sozialen Lebensweise von Hunden (bzw. Wölfen) und Menschen, ihrer Kooperationsbereitschaft und ihrer Empathie waren wohl auch die Voraussetzungen

1

für das später so erfolgreiche Leben mit uns (siehe Seite 25ff.).

Hunde sind Zehenspitzengänger, und auch wenn einige Hunderassen heute nicht mehr ganz diesem Schema entsprechen, so sind Hunde doch begnadete Langstreckenläufer, die es lieben, über viele Kilometer hinweg in einem gleichmäßigen Tempo zu traben. Dabei erreichen sie eine durchschnittliche Reisegeschwindigkeit von 7 – 12 km/h (Wachtel 2002). Die Pfotenballen haben dabei federnde und dämpfende Wirkung. Auch wenn die Haut der Pfotenballen um ein Vielfaches dicker ist als die restliche Haut des Körpers (in etwa 50 Mal so dick), lässt sie den Hund Temperaturveränderungen, Berührung, Vibration und Schmerz deutlich empfinden. Diese Informationen werden besonders dann wichtig, wenn man den Hund im Sommer über heißen Asphalt oder im Winter über salzbestreute Gehwege schicken will.

2

Die Hundehaut selbst hat keine Schweißdrüsen. Lediglich die Haut an den Pfotenballen weist Schweißdrüsen auf. Daher
können sich Hunde auch nur über die
Schleimhäute durch Hecheln bzw. durch
Schwitzen über die Pfotenballen abküh-
len. In diesem Zusammenhang wird auch
deutlich, warum das Verschließen des
Mauls durch einen Schlaufenmaulkorb
außerhalb eines kurzen Eingriffs in der
Tierarztpraxis tierschutzrelevant ist, da
der Hund das Maul nicht weit genug
öffnen und damit seine Körpertemperatur
nicht mehr regulieren kann.
Ihr Maul nutzen Hunde aber nicht nur
zum Fressen und Hecheln, sondern
auch zum Fühlen, um Gegenstände aufzunehmen oder zu ertasten. Vor allem
für Welpen und junge Hunde sind die
Erfahrungen, die sie über das Maul
machen, also wie etwas schmeckt, sich im
Maul anfühlt, was man kauen und was
schlucken kann, lehrreich und wichtig.

3

INTELLIGENZ

Die abfällige Bezeichnung „dummer Hund" entspricht nicht der Wahrheit: Hunde sind überaus intelligent. Sie schmieden Pläne, ziehen Schlüsse aus vorangegangenen Erfahrungen und tricksen bzw. lügen, um an ihr Ziel zu kommen. Dabei sind sie uns durch den Einsatz ihrer überlegenen Sinne oft sogar mehrere Schritte voraus. Und woher Hunde wissen, wann wir zu ihnen nach Hause aufbrechen wollen, wird der Wissenschaft wohl noch lange ein Rätsel bleiben.

Oftmals wurde die Intelligenz von Hunden mit jener von dreijährigen Kindern verglichen. Das trifft in vielen Bereichen mit Sicherheit zu. Wie intelligent Hunde tatsächlich sind und welche Rasse die intelligenteste ist, ist alljährlich Thema in den Medien. Doch die Ergebnisse sind trügerisch: „Sieger" sind dabei stets jene Rassen, die für die enge Zusammenarbeit mit dem Menschen gezüchtet wurden, dabei vornehmlich Hütehunde. Sie befolgen meist am schnellsten die an sie gerichteten Anweisungen und Aufgaben. Doch ist es nicht mindestens ebenso intelligent, eine Anweisung nach ihrer Sinnhaftigkeit zu hinterfragen und nicht alles blind mitzumachen?

Je mehr ich mit Hunden zu tun habe, je länger ich mit ihnen arbeite und je mehr ich über sie weiß, desto größer ist meine Ehrfurcht vor ihrer Wahrnehmung, ihren Leistungen und der Nachsicht, die sie uns oft entgegenbringen. So oft fühlen wir uns ihnen maßlos überlegen und so oft liegen wir dabei vollkommen falsch. Das schließt auch das Thema Intelligenz mit ein.

Intelligenz misst sich nicht unbedingt an der exakten Befolgung von Anweisungen. Manchmal bedeutet sie auch, aus der Reihe zu tanzen.

SINNE

Schmecken

Der Geschmackssinn des Hundes ist weniger ausgeprägt als der des Menschen (der Mensch besitzt rund 9 000 Geschmackskapillare, der Hund nur etwa 1 700). Diese Tatsache dürfte sich darin begründen, dass das Verdauungssystem der Hunde auch eine Verwertung von verdorbenen Lebensmitteln und Aas ermöglicht, während der Mensch schon im Vorfeld viel genauer selektieren muss, was er zu sich nehmen kann und was nicht. Anders als Katzen können Hunde aber auch „süß" schmecken, da sie sich in der Natur auch von Beeren und Obst ernähren, wenn sie die Möglichkeit dazu haben (Wachtel 2002).

Wie wir bereits vorhin bemerkt haben, ist der Hund ein Raubtier, das ein sehr breites Ernährungsspektrum besitzt. Gern wird dies bei der Ernährung von Hunden vernachlässigt bzw. als Vorbild oft der Wolf herangezogen. Doch der Hund ist bei der Verarbeitung von Nahrung dem Wolf voraus: Er besitzt mehr Kopien des Amylasegens als der Wolf und kann dadurch auch Kohlehydrate besser aufspalten als dieser (Wachtel 2002). Hunde sind also Allesfresser, die von sämtlichen tierischen Produkten (also nicht nur Muskelfleisch, sondern auch Innereien und sogenannte „tierische Nebenprodukte") über Obst und Gemüse bis hin zu Kohlehydraten, Gräsern und Wurzeln so gut wie alles fressen können. Will man sie gesund ernähren, kommt man um eine vielseitige Fütterung nicht herum und sollte Abstand davon nehmen, ausschließlich ein einziges Futtermittel zu verabreichen.

Hören

Hunde können im Ultraschallbereich hören. Ihre beste Frequenz liegt aber mit 4000 Hz deutlich tiefer als beim Menschen mit 8000 Hz (Miklósi 2011). Die voneinander unabhängig beweglichen Ohrmuscheln erlauben dabei dem Hund eine besonders gute Ausrichtung auf Geräuschquellen.

Taubheit ist besonders bei Hunden mit einem hohen Weißanteil häufig, da ein Mangel an Pigmentzellen in bestimmten Teilen des Ohrs die Entwicklung des Gehörs beeinträchtigen kann (Wachtel 2002). Dabei gibt es jedoch große rassespezifische Unterschiede: Kommen sie aus anderen genetischen Hintergründen, können auch reinweiße Hunde von dieser Entwicklung nicht betroffen sein.

Sehen

Die Sehleistung des Hundes bezweckt andere Ziele als die des Menschen: Das Raubtier Hund hat andere Ansprüche an die optische Wahrnehmung seiner Umwelt und damit auch einen anderen Fokus in der Verarbeitung von Bildern und Farben. Hunde sind weniger empfindlich darin, mittlere und lange Wellenlängen des Lichts zu unterscheiden, weshalb sie z. B. Gelb- und Rottöne schlecht auseinanderhalten können (Miklósi 2011). Violett- und Blautöne hingegen scheinen sie gut zu sehen. Dafür sind sie empfindlicher für das Erkennen von Bewegungen und nehmen auch winzigste Bewegungen wahr, die dem menschlichen Auge entgehen. Dieses Bewegungssehen ist auch noch in der Dämmerung sehr gut (Kotrschal 2014).

Die Sehleistung ist bei Hunden also auf Bewegung optimiert, während ihre Sehschärfe etwa 3 bis 4-mal schlechter ist als beim Menschen (Miklósi 2011). Stillstehende Objekte werden dadurch schlechter wahrgenommen. Wundern Sie sich daher das nächste Mal nicht, wenn Ihr Hund über das Leckerli stolpert, das er gerade suchen soll.

Hunde haben ein weiteres Sichtfeld (durchschnittlich 250°, Menschen ca. 180°) und müssen daher auch weniger stark den Kopf drehen, um sehen zu können, was hinter ihnen vorgeht. Wenn Sie also das nächste Mal denken, dass Ihr Hund Sie ignoriert, ziehen Sie die Möglichkeit in Erwägung, dass er Sie gerade (amüsiert) beobachtet.

Da die Welt des Sehens für Hunde hauptsächlich in der Fernorientierung eine Rolle spielt, kommen auch blinde Hunde erstaunlich gut durchs Leben. Ebenso können sich Rassen, deren Gesichtsbehaarung die Augen nahezu völlig verdeckt, gut orientieren. Trotz allem sollte man die Augen des Hundes entsprechend freischneiden, da eine verminderte Sehleistung zu Verhaltensproblemen führen kann.

Riechen

Immer noch versucht die Forschung, die unglaubliche Riechleistung des Hundes zu entschlüsseln bzw. zu verstehen. Wie ist es z. B. möglich, dass Hunde noch Monate später der Spur einer vermissten Person folgen können, die in einem Auto davongefahren ist? Oder eine Person identifizieren können, nachdem sie an der Asche eines verbrannten Taschentuchs

dieser Person geschnuppert haben? Ebenso versucht man neuerdings, das, was man bereits über die Riechleistung der Hunde weiß, nachzuahmen, wie etwa aktuell durch künstliche Spürnasen (sogenannte e-noses), die der Hundenase nachempfunden sind und z. B. Lungenkarzinome im Frühstadium erkennen sollen (De Lema et al. 2014). Doch noch lange wird die Nase des Hundes unersetzbarer Bestandteil des menschlichen Lebens bleiben, ob bei der Suche nach Tieren, Menschen, Krankheiten oder auch diversen Substanzen wie Drogen oder Sprengstoff.

Hunde sind schon im Mutterleib fähig, Gerüche wahrzunehmen (Miklósi 2011). Außerdem macht ihr Riechkolben 10 % des Gehirns aus, während der des Menschen nur ca. 1 % beträgt. Damit wird deutlich, warum sie die Welt der Gerüche viel intensiver wahrnehmen als wir.

1–3
Die Hundenase ist im Vergleich zu unserer in der Lage, selbst feinste umherschwirrende Partikel wahrzunehmen und ihre Bestandteile zu analysieren. Daher sind wir Menschen in so vielen Bereichen unseres Lebens auf ihre Hilfe angewiesen.

1

2

3

Die Riechschleimhaut des Hundes macht mit einer Fläche von 150–170 cm² (im Gegensatz dazu beträgt jene des Menschen ca. 5 cm²) schnell klar, dass es sich hierbei um einen „Makrosmatiker", also einen „Vielriecher" (wörtlich übersetzt: „Großriecher") handelt. Der durchschnittliche Hund hat ca. 200 Millionen Riechzellen (Thiess-Blanke 2015). Der Bloodhound schneidet dabei mit 500 Millionen Riechzellen am besten ab, der Dackel liegt im Vergleich dazu etwa zwischen 125 und 140 Millionen Riechzellen, der Mensch bei vergleichsweise lächerlichen 10 Millionen. Gesicherte Daten, wie viel empfindlicher die Hundenase ist als die des Menschen, gibt es nicht. Je nach Studie liegen hierbei die Angaben zwischen einer tausend- oder hundertmillionenfach größeren Empfindlichkeit.

Das Vomeronasale Organ

Hunde können Gerüche aber nicht nur riechen, sondern auch „schmecken": Über das Vomeronasale Organ, das als kleines Zäpfchen am Gaumen hinter den vorderen Schneidezähnen sitzt, nimmt der Hund Gerüche noch intensiver wahr, indem er sie mit der Zunge aufnimmt und gegen das Vomeronasale Organ presst und sie so direkt ins limbische System schickt (Thiess-Blanke 2015). Vor allem bei der „ungefilterten" Verarbeitung von Pheromonen im Hinblick auf Hormonstatus, Gesundheit und „Fitness" des Absenders kommt diese Art der Geruchsaufnahme zum Tragen. Duftsubstanzen aus der Luft werden dabei zuerst im Speichel gebunden, weshalb viele Hunde

bei der Informationsverarbeitung über das Vomeronasale Organ Schaum um das Maul produzieren. Beurteilen Sie daher jedes „Schaumschlagen" Ihres Hundes mit diesem Hintergrundwissen: Es ist wesentlich wahrscheinlicher, dass Ihr Hund gerade einen Geruch verarbeitet, als dass er tollwütig geworden ist. Beim Schnüffeln atmet der Hund bis zu 300 Mal in der Minute ein, wobei die Strömungsgeschwindigkeit der Luft bis zu 40 km/h betragen kann (Grunow und Langkau 2011). So können bei intensivem Schnüffeln schon mal 60 Liter Luft pro Minute „eingesaugt" werden. Das erfordert nicht nur sehr viel Energie, sondern durch die veränderte Atmung auch Kondition und ist daher für den Hund sehr anstrengend. Gerade im Hinblick auf eine artgerechte Auslastung können wir uns diese Tatsache zunutze machen.

Tasten

Hunde nehmen über den Tastsinn nicht nur Dinge wahr, sie bauen über Berührungen auch soziale und emotionale Bindungen mit anderen Hunden und Menschen auf. Über das Maul, die Pfotenballen, die Haut, vor allem aber über die Sinneshaare an der Schnauze (Vibrissen) nehmen sie feinste Eindrücke wahr. Diese Vibrissen sind so sensibel, dass es nicht einmal einer Berührung bedarf: Ein im Vorbeigehen entstehender Luftwirbel reicht zur Auskunft bereits aus. Um dem Hund dieses wichtige Tastinstrument nicht zu beschädigen und weil diese Sinneshaare auch der hundlichen Kommunikation dienen, sollte die Schnauze nicht geschoren werden.

WUSSTEN SIE, DASS:

——————————————

— Hunde Gerüche identifizieren können, selbst wenn sie mit stark riechenden Substanzen bedeckt oder verbrannt werden?

— die Schlittenhunde beim berühmten Iditarod-Rennen eine Strecke von mehr als 1850 km zurücklegen? Das derzeitige Rekordteam bewältigte diese Strecke in ca. achteinhalb Tagen, also durchschnittlich ca. 218 km pro Tag.

— Scharren nicht dazu dient, Kot oder Urin zu verdecken, sondern, im Gegenteil, darauf auch visuell aufmerksam zu machen?

— Hunde nicht nur mono, sondern auch stereo riechen, also Geruchsinformationen getrennt voneinander auswerten können? Dadurch können sie z. B. die Richtung einer Spur richtig einschätzen.

— es offenbar schon zu Zeiten des Neandertalers Hunde gab und der Hund damit das älteste Haustier des Menschen ist?

— Kurz- bzw. Weitsichtigkeit bei Hunden in etwa gleich oft vorkommt wie beim Menschen?

— es nicht einen „Alpha" in einem Hunde- oder Wolfsrudel gibt, sondern die getrennten Rangordnungen von Rüden und Hündinnen jeweils ein eigenes Alphatier erfordern?

— das „Hängen" der Hunde nach der Kopulation im Säugetierreich einzigartig ist?

— der Greyhound mit einer durchschnittlichen Laufgeschwindigkeit von 60 km/h und Spitzen von bis zu 75 bis 80 km/h den Geschwindigkeitsrekord in der Hundewelt hält?

KOMMUNIKATION

Hunde kommunizieren über optische Signale (z. B. Aufstellen der Ohren), über Lautäußerungen (z. B. Winseln), über taktile Maßnahmen (z. B. Belecken) und chemische Informationen (z. B. Botenstoffe im Urin). In Kot und Urin sind dabei nicht nur die bekannten Informationen wie Alter, Geschlecht und sexuelle Kondition enthalten, sondern auch Details über die Stimmung des Hundes (Bloch 2012). Kot und Urin dienen daher auch zur Warnung und Information für territoriale Ansprüche.

Mein Rüde Perikles etwa knurrt gelegentlich nach Inspektion einer Urinmarke, bevor er sie gewissenhaft übermarkiert, obwohl weit und breit kein Artgenosse ist. Offenbar eine Reaktion auf eine solch aggressive Stimmung des Absenders beim Setzen seiner Markierung.

Im Umgang mit uns Menschen verstehen Hunde die analoge Kommunikation, also die Kommunikation über Körperhaltung, Bewegung und Mimik am besten (siehe auch Seite 140).

Hunde sind, wie sie sind, weil Wölfe ihre Ahnen waren (Bloch 2012). Ihre hohen sozialen Fähigkeiten, ihre Bereitschaft zur Kooperation, ihre Empathie und ihre enorme Beobachtungsgabe im täglichen Umgang mit uns verdanken unsere Hunde diesem Wolfserbe. Sie unterscheiden sich aber auch von ihnen, gerade weil sie dieses Bündnis mit uns eingegangen sind und so immer besser an das Leben mit uns und die Anforderungen, die wir an sie stellen, angepasst sind. So gibt es einige Verhaltensweisen, wie etwa das Lächeln, die nur Hunde zeigen, Wölfe aber nicht. Wie diese Anpassung vor sich ging und wo der Ursprung dieser jahrtausendealten Freundschaft liegt, wollen wir im nächsten Kapitel betrachten.

Das Schieflegen des Kopfes ist nicht nur hübsch anzusehen, es dient auch einer besseren Ortung von Geräuschen.

Mensch und Hund
im Wandel der Zeit

So viel wir heute über Hunde wissen (oder zu wissen glauben),
so wenig wissen wir doch, wie und wann wir mit unserem besten
Freund zusammengefunden haben.

Bis vor Kurzem glaubte man, dass die Vorfahren von Mensch und Hund vor ca. 15 000 Jahren ihr einzigartiges Bündnis eingegangen sind. Doch heute führen die neuesten Auswertungen von Funden zu der Erkenntnis, dass dieses Bündnis mindestens doppelt so lange besteht (Thalmann et al 2013, Druzhkova et al 2013, Ovodov et al 2011). Die ältesten Überreste von hundeartigen Tieren aus Belgien und Sibirien konnten auf ein Alter von ca. 30 000 Jahren datiert werden, also in etwa zu der Zeit, als der Neandertaler ausstarb. Kurzzeitig hatte man auch angenommen, dass der Ursprung des Hundes in Asien liegt, doch auch wenn bis dahin vieles für eine „multiregionale" Domestikationsgeschichte sprach (Ovodov et al 2011), haben die vergleichenden genetischen Daten ergeben, dass die heute lebenden Hunde von europäischen Vorfahren abstammen (Thalmann et al 2013). Ob der Hund nun also europäischen oder asiatischen Ursprungs oder gar beides ist, wird wohl auch noch in den nächsten Jahren ein Interessensgebiet der Kynologie bleiben.

Wie genau diese Domestikation des Wolfes vonstattenging, ist heute ebenfalls nicht mehr nachzuvollziehen. Man kann nur versuchen, aus ökologischen, ethologischen und archäologischen Puzzleteilen ein möglichst glaubwürdiges Bild zusammenzufügen. Die Theorien hierzu sind vielfältig und oft schwer nachzuvollziehen. Denn wie wir aus dem vorigen Kapitel wissen, kooperieren Wölfe nur dann mit dem Menschen, wenn es sich für sie lohnt.

DIE TREIBENDE KRAFT DER DOMESTIKATION

Da Thesen über ein Zusammenwachsen von Mensch und Wolf durch gemeinsame Jagdbündnisse, den Wolf als „Wärmekissen" oder den Wolf als Transportmittel bei einer genaueren Betrachtung des wölfischen Verhaltens also nicht überzeugen können, bleibt derzeit nur eine These übrig, die sich sowohl durch die Ethologie des Wolfes als auch jene des Menschen sinnvoll begründen lässt: nämlich dass Frauen die Domestikation des Wolfes initiierten.

Eine enge Bindung zum Menschen kann beim Wolf nämlich nur aufgebaut werden, wenn er schon früh als Welpe (noch bevor sich in der 3. oder 4. Lebenswoche das Fluchtverhalten entwickelt) von der Mutter isoliert und vom Menschen aufgezogen wird. Die Aufgabe der Männer waren der Kampf und das Töten. Sie jagten dabei auch Wölfe wegen ihres Pelzes. Schwer vorstellbar also, dass sie die Initiative zur Zähmung ergriffen haben sollten. Auch war der Wolf ja bekanntlich das erste domestizierte Tier, noch lange bevor man begann, Schafe, Ziegen oder Rinder zu zähmen. Ohne andere Haustiere stand aber keine andere Milch für Wolfswelpen zur Verfügung als jene der Frauen. Vermutlich könnte die Domestikation des Wolfes also durch eine Frau entstanden sein, die ihr Kind verlor und die, durch das Kindchenschema eines verlassenen oder verwaisten Wolfswelpen angetan, diesen an ihre Brust legte. Dies wird auch heute noch in manchen Teilen der Erde von den Frauen einiger Völker praktiziert (Zimen 1988).

Die Mehrzahl der gezähmten Wölfe zog es wohl später wieder zurück zu ihren Artgenossen, doch einige wenige heranwachsende Wölfe blieben freundlich, verspielt, eng an den Menschen gebunden und verpaarten sich später untereinander. Somit passten sie sich an die veränderten Lebensbedingungen unter menschlicher Obhut an und unterschieden sich immer mehr von ihren wilden Artgenossen. Die harten Selektionsbedingungen des Lebens in freier Wildbahn fielen für sie weg, weshalb sie sich auch Abweichungen von der Norm erlauben konnten, wie etwa Variationen in der Fellfärbung oder der Körperform. So entstanden bald optische und charakterliche Besonderheiten einzelner Wölfe, die den Gefallen ihrer Menschen fanden, weshalb dieser sie wiederum mit ähnlichen Exemplaren verpaarte. Doch erst viel später, vermutlich nach Tausenden von Jahren, wurde die Grundvoraussetzung für die eigentliche Domestikation – die Trennung der Wild- und Haustierform des Wolfes – vollzogen. Der Weg zum Hund war geebnet.

DAS FARMFUCHS-EXPERIMENT

Wie schnell eine solche Selektion auf ein freundliches Wesen Früchte trägt, veranschaulicht das Farmfuchs-Experiment, ein Langzeitversuch, der 1959 in Russland begonnen wurde (Miklósi 2011). Hierbei wurden 130 Füchse einer Fuchsfarm auf ihre Aggressionsbereitschaft hin getestet und jene Exemplare miteinander weiter verpaart, die sich als am freundlichsten erwiesen, usw.

Erstaunlich war, wie rasch sich Verhaltensänderungen zeigten: Bereits nach 10 Generationen waren die Füchse überaus freundlich und zutraulich, suchten aktiv den Kontakt zu Menschen und versuchten, durch Winseln deren Aufmerksamkeit zu erregen. Was aber beinahe noch mehr erstaunt, ist die Tatsache, dass sich schon ab der 10. Generation erste Variationen in der Fellfärbung zeigten und spätere Generationen der Füchse sogar Schlappohren und Ringelruten aufwiesen.

Da die Füchse außerhalb der kurzen Experimentierphasen keinen Kontakt zu Menschen hatten, kann man schlussfolgern, dass nicht nur optische Merkmale vererbt wurden, sondern auch ihre Zahmheit, dass diese also bewusst selektiert und herausgezüchtet werden kann. So war es vermutlich auch beim Wolf. Eine immer sorgsamere Auswahl auf erwünschte Eigenschaften durch den Menschen ließ ihn nicht nur zu einem immer angenehmeren Begleiter werden, sondern erlaubte schließlich auch eine Selektion nach optischen Kriterien.

ÖKOLOGISCHE UND SOZIALE VERWANDTSCHAFT

Vieles spricht also dafür, dass die Zähmung des Wolfes vorerst ohne Absicht geschah und von Frauen initiiert wurde. Die wichtigste Voraussetzung für die Zähmung und die spätere Domestikation des Wolfes war aber wohl seine enge ökologische und soziale Verwandtschaft mit dem Menschen.

Auch die hohe Toleranz und Kooperationsbereitschaft gegenüber Artgenossen dürfte beim Zusammenschluss mit dem Menschen eine Rolle gespielt haben. Sie wurde wohl durch die bewusste Auswahl des Menschen gefördert und so in eine Toleranz und Kooperation gegenüber dem Menschen gewandelt (Range und Virányi 2015, Range et al 2015).

Man kann aber davon ausgehen, dass die Anfänge der Domestikation des Wolfes sehr aufwendig waren, mit großer Frustration und auch Gefahren auf beiden Seiten verbunden waren und zu Beginn wohl mehr Misserfolg als Erfolg bei der Zähmung der wilden Wölfe herrschte. Letztendlich aber hat sich diese Partnerschaft durchgesetzt, was Ihr vierbeiniges Teammitglied zu Ihren Füßen wohl gerade in diesem Moment am besten beweist.

Die Verantwortung über die Zukunft unserer Hunde liegt in unseren Händen. Daher sollte eine verantwortungsvolle Zucht auf positive Charaktereigenschaften und Gesundheit immer Vorrang vor optischen Faktoren haben.

VOM SPIELGEFÄHRTEN ZUM JAGDBEGLEITER

Die erste „Nutzung" von Wölfen war also vermutlich die des Spielgefährten und „Windelersatzes" für Kinder und für Frauen als Kamerad und Begleiter. Erst viel später kam der Einsatz des Hundes als Jagdbegleiter der Männer zustande. Ab da jedoch war ein Erfolgsteam geboren: Mensch und Hund eroberten Seite an Seite weite Teile der Erde. Spätestens mit dem Klimawandel und seinen ökologischen Folgen bewegte sich der Mensch weit über seine bisherigen Grenzen hinaus, um zu jagen (Zimen 1988). Die Jagd auf immer kleinere und nicht mehr in Herden auftretende Wildtiere in der Nacheiszeit erforderte auch neue Wege in der Jagd: Die schon im Jungpaläolithikum bekannten Pfeil und Bogen wurden nun in Kombination mit den Hunden zur bevorzugten und überaus erfolgreichen Jagdtechnik. Mit diesem Erfolg verbesserte sich auch das Ansehen der Hunde, was unzählige Felsen- und Höhlenmalereien bezeugen.

Durch den Anschluss an den Menschen gelang dem Hund also eine verhältnismäßig rasche Ausbreitung in nahezu alle Gebiete der Erde. Oder mit anderen Worten: „Recht betrachtet gelang es den Wölfen unter Nutzung der menschlichen Kulturumgebung, ihren biologisch-evolutionären Erfolg wesentlich zu steigern." (Kotrschal 2014)

1–2
Auch heute noch ist die gemeinsame Jagd mit dem Menschen die häufigste Aufgabe von Gebrauchshunden.

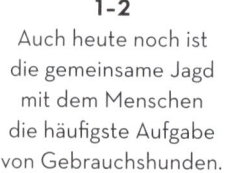

1

2

Der Zusammenschluss von Mensch und Wolf war also für beide von enormem Vorteil: Er ermöglichte dem Menschen, seine Sicherheit und Lebensqualität zu steigern und einen Helfer für immer mehr Lebenslagen zu gewinnen, dem Hund, neben der ebenfalls steigenden Lebensqualität und Sicherheit, die ökologischen Grenzen des Wolfes zu sprengen und sich so einen evolutionären Vorteil zu verschaffen.

Nachdem sich der Hund seinen Platz an der Seite des Menschen gesichert hatte, kamen langsam auch weitere „Einsatzgebiete" für ihn dazu, mit jeder Weiterentwicklung des Menschen machte auch der Hund einen Schritt nach vorn. So entstanden immer mehr „Spezialisten" für einzelne Arbeitsbereiche und Funktionen. Dies war zwar noch keine Rassezucht, doch ebnete die bewusste Auswahl und Verpaarung von Hunden mit bestimmten Talenten den Weg dorthin.

VON DER ERSTEN RASSE BIS ZUR HUNDEZUCHT

Erst als man begann, am gleichen Ort die verschiedenen Typen in sexueller Isolation gezielt zu züchten, entstanden auch erste Rassen im heutigen Sinn (Zimen 1988). Die aus heutiger Sicht ersten Hinweise auf Rassen findet man erstmals in Mesopotamien und in der prädynastischen Zeit Ägyptens ca. 4 000 v. Chr. Die älteste heute bekannte Darstellung offensichtlich gezüchteter Hunde findet sich auf einem bemalten Krug aus dem Ende des 4. Jahrtausend v. Chr.: ein Mann mit Pfeil und Bogen, der vier gleich aussehende Hunde an der Leine führt. Es handelt sich dabei um Windhunde.

Aufgrund der vielen ähnlichen Darstellungen auf weiteren archäologischen Funden nimmt man heute an, dass Hunde vom Windhundtyp die ersten Rassen dargestellt haben, die dem Menschen als unersetzbare Jagdhelfer dienten. Nicht viel später werden auch Bilder von einem großen, mastiffähnlichen Hofhund mit hängenden Ohren datiert. Solche Hunde wurden als Wach- und Kriegshunde eingesetzt.

Die erste bewusst differenzierte und in verschiedene Rassen aufgeteilte Hundezucht fand also nach derzeitigem Wissensstand in Ägypten statt, wo neben Hunden vom Windhund- und Mastifftyp auch noch drei weitere Gruppen gezüchtet wurden: stöbernde mittelgroße Jagdhunde, kleine kurzbeinige Schoßhunde und der sogenannte „Anubis-Hund", der wohl schönste Hund der damaligen Zeit. Vor allem, als die Jagd nicht mehr nur dem Nahrungserwerb diente, sondern sportliche Züge bekam, wurde die Hundezucht zur Liebhaberei. Doch in Zeiten des kulturellen Niedergangs gingen die Rassen verloren, was sich z. B. für den Mastiff belegen lässt. Der jeweilige Aufschwung brachte aber zumindest die drei bevorzugten Schläge wieder zurück: Mastiff, Windhund und Stöberhund. Wichtig zu sagen ist an dieser Stelle, dass dies nicht bedeutet, dass auch unsere heutigen Rassen von diesen Rassen abstammen. Vielmehr entstanden und vergingen im Lauf der Geschichte immer wieder Rassen und traten in anderen Regionen in ähnlicher Form wieder auf.

Von da an hielt man Hunde vornehmlich zu dekorativen Zwecken, und das zahlreich und aufwendig. Ein Leser des „Journal de Paris" beklagte sich 1781, dass man sich „bei Gesellschaften nicht mehr niedersetzen kann, ohne eine Hundegottheit zu erdrücken" (Zimen 1988). Nach dieser Periode höchster Zuneigung verschwand der Hund vorübergehend von der Bildfläche, doch die Restauration brachte den Hund wieder in Mode. Das frühere Privileg des Adels geriet nun in die Hände der Bürger: die Hundezucht. Sie wurde für viele zur regelrechten Passion, erst in England, dann in anderen europäischen Ländern.

Seit der ersten Hundeausstellung 1859 in England wurde alles, was bisher in der Geschichte der Hundezucht geschah, in den Schatten gestellt. Heute gibt es 343 von der FCI offiziell anerkannte Rassen, dazu noch einige vorläufig anerkannte Rassen (wie den Australian Stumpy Tail Cattle Dog), einige nicht anerkannte Rassen (wie den Alaskan Husky) und viele weitere regionale Schläge (http://www.fci.be/de/Nomenclature/Default.aspx (Stand Januar 2016). Nur die wenigsten dieser Rassen stehen noch in ihrem ursprünglichen Gebrauch.

Der Zauber, den das Miteinander von Mensch und Hund hat, ist aber bis heute ungebrochen. Hunde und Menschen stehen sich schon so lange und in nahezu allen Kulturkreisen zur Seite, dass sie voneinander nicht mehr wegzudenken sind. Kein Tier ist so lange und nah an den Menschen gebunden, kein Tier so hoch verehrt und gleichzeitig viel gehasst, kein Tier so kontrovers und viel diskutiert wie der Hund.

»Bis ins 18. Jahrhundert waren die Entwicklung und das Ansehen der Hunde eng mit dem Ansehen der Jagd gekoppelt.«

SEELENBALSAM

Unsere Zeit stellt die Hunde vor eine harte Probe: Nur noch die wenigsten von ihnen dürfen machen, wozu sie gezüchtet wurden, was in ihren Genen steckt.

———

Mensch und Hund heute

Wie wir im vorigen Kapitel gesehen haben, stand der Hund uns bereits bei der Entwicklung vom reinen Jäger und Sammler zum Hirten und Bauern bis hin zum Menschen von heute zur Seite, was auch ein Grund für die weitreichenden Einsatz- und Spezialgebiete einzelner Hunderassen ist.

Wir haben gesehen, dass immer wieder Schläge bzw. Rassen entstanden und verschwanden und schon vor tausenden von Jahren gezielt Hundetypen für bestimmte Eigenschaften gezüchtet wurden, die sie zu einem treuen Wegbegleiter und hilfreichen Kameraden des Menschen machten: zuerst als Begleiter und Helfer bei der Jagd und als Wach- und Kriegshund, später immer mehr auch als Unterstützung des Menschen in unzähligen anderen Tätigkeitsbereichen, wie etwa beim Bewachen und Hüten von Nutztieren, in der Fischerei oder als Zug- und Lastentier.

NEUE AUFGABENGEBIETE

Nun sehen sich die für diese Aufgaben gezüchteten Hunde plötzlich mit einer neuen Aufgabe konfrontiert: Angenehme und souveräne Partner im Alltag ihrer Halter zu sein, Allroundtalente, die sich wie selbstverständlich in deren Lebensbedingungen einfügen, verschmust und verspielt sind, sportliche Aktivitäten mitmachen, freundlich zu Familienmitgliedern und Fremden sind, trotzdem aber Heim und Hof bewachen, gut allein bleiben können, immer wissen, was von ihnen verlangt wird, und gehorsam und brav all das tun, was man ihnen sagt. Das führt gezwungenermaßen zu Konflikten.

Die extreme Anpassungsfähigkeit des Hundes hat vor allem in den letzten Jahren auch dazu geführt, dass er nicht mehr als Wolfsahn wahrgenommen wird (oder wenn, dann in einer oftmals sehr verklärten Art und Weise), und manchmal auch nicht einmal mehr als das, was er ist: ein Hund (Grewe 2010).

Nimmt man den überwiegenden Teil der heutigen Hunde, also die Familien- und Begleithunde (und nicht jene, die für bestimmte Zwecke gehalten werden), ist die Funktion des Partners bzw. Familienmitglieds die hauptsächliche Nutzform des Hundes im heutigen Mitteleuropa. Doch genau dadurch sieht der Hund sich mit diversen Problemen konfrontiert. Hier einige Beispiele:

BEISPIELE

DER HUND WILL …	DER MENSCH WILL …
sich fortpflanzen.	dass er sich keinesfalls fortpflanzt (oder nur mit von ihm ausgewählten Sexualpartnern).
jagen.	KEINEN Jäger!
weite Areale durchstreifen.	dass er dableibt.
mit einer Durchschnittsgeschwindigkeit von 7–12 km/h die Umgebung erkunden, und das viele Stunden lang.	mit einer Durchschnittsgeschwindigkeit von 4–6 km/h gehen, und das möglichst nur so, dass es sich gut im Alltag unterbringen lässt (und ohne dass er an der Leine zieht!).
sich in Gerüche vertiefen.	dass er endlich weitergeht.
sich in der Gruppe mit Artgenossen ausprobieren und wenn möglich emporarbeiten.	einen Dertutnix.
Status und Territorialverhalten demonstrieren.	unauffällig bleiben.
ruhen und schlafen, ca. ⅔ des Tages.	das auch.
ein Sozialgefüge, in dem er sich sicher fühlen kann.	einen Partner fürs Leben, der Ihnen Stütze und Freund ist.
Harmonie durch klare Strukturen, Zuwendung und eine souveräne Führungsebene.	Harmonie durch gleichberechtigte Partnerschaft.

DREI PROBLEME

Das erste und wohl größte Problem unserer heutigen Hunde ist also, dass sie das, wozu sie ursprünglich „gemacht" wurden, nicht mehr sein dürfen. Nur noch die wenigsten Hunde stehen in ihrem ursprünglichen Gebrauch.

Das zweite große Problem ist, dass nur die wenigsten Menschen ehrlich darüber nachdenken, welcher Hund für sie tatsächlich geeignet ist. Anstatt die eigenen Möglichkeiten in der Hundehaltung und -erziehung zu berücksichtigen, beeinflussen viel zu oft Modeströmungen, optische Kriterien oder völlig falsche Charaktervorstellungen und -beschreibungen die Auswahl des Hundes. Nur selten können diese dann auch die eierlegenden Wollmilchsäue sein, als die sie gern gesehen werden. Und das dritte Problem unserer Hunde ist, dass die rasanten Veränderungen der Lebensbedingungen des Menschen immer neue Anforderungen an sie stellen. Ihre Ansprüche sind heute immer noch dieselben wie vor 100 Jahren. Wir hingegen haben uns und unsere Gewohnheiten stark verändert.

DER EINFLUSS DER GESELLSCHAFTLICHEN ENTWICKLUNG

Unsere gesellschaftliche Entwicklung hat also großen Einfluss auf unsere Hunde: Familien werden kleiner, es gibt immer mehr Singlehaushalte, das Leben spielt sich zunehmend im urbanen Bereich ab und wir halten uns immer häufiger in virtuellen Räumen auf. Doch das Bedürfnis nach einem starken sozialen Gefüge, das Gemeinsamkeit und Sicherheit vermittelt, ist ungebrochen und scheinbar gerade aufgrund der isolierteren Lebensweise stärker denn je. Hier kommt auch der Hund ins Spiel.

Fehlen nämlich die menschlichen Bezugspersonen, muss der Hund oftmals diese Rolle einnehmen. Und selbst wenn sie nicht fehlen, ist oft nur er es, der uns nie kritisiert, uns nie verurteilt, dem wir alles anvertrauen können und der an unserer Seite bleibt, egal was kommt. Er mag uns auch ohne frisch gewaschene Haare oder kreative Hobbys. Er begleitet uns, egal ob wir allein leben oder im Familienverband, egal ob wir reich sind oder arm. Und er holt uns aus der virtuellen Welt ab und zwingt uns, regelmäßig die reale Welt zu betreten.

EINEN SICHEREN RAHMEN BIETEN

Nun stellt sich die Frage, wie wir dem Hund, der er nun einmal ist, mit den Ansprüchen, die wir heute nun einmal an ihn stellen, in der Gesellschaft, wie sie heute nun einmal besteht, ein möglichst artgerechtes Leben ermöglichen können und wie wir ihn so anleiten können, dass er uns entspannt durch die gemeinsame Zukunft begleiten kann.

Der Schlüssel hierfür ist eine Hundeerziehung mit Herz und Verstand, die einerseits die Eigenheiten und Bedürfnisse des jeweiligen Hundes berücksichtigt, andererseits aber mit ebendiesem Wissen auch Regeln und Grenzen vorgibt, um so dem Hund ein Gefühl der Sicherheit und Stabilität zu geben. Dann kann er sich auch mit einer Vielzahl an Gegebenheiten arrangieren, denn er vertraut seinem Halter, respektiert ihn und weiß, dass dieser ihm zur Seite steht.

Die daraus entstehende harmonische Verbindung, die durch unsere lange gemeinsame Geschichte praktisch in unseren Genen steckt, ist es, die uns die spezielle Verbindung mit unseren vierbeinigen Weggefährten so intensiv erleben, spüren und wertschätzen lässt.

Warum überhaupt Hundehaltung?

Abgesehen von den vielfältigen Gebrauchsmöglichkeiten eines Hundes, wie etwa als Hüte-, Zug-, Lawinensuch- oder Polizeihund und seiner bis heute einzigartigen Einsetzbarkeit als Spürnase in der Medizin, beim Zoll oder bei der Suche von vermissten Menschen oder Tieren, liegt der größte Vorteil von Hunden darin, Gefährten und Begleiter fürs Leben zu sein.

Auch wenn sie Arbeit und Schmutz bedeuten, das Leben mit ihnen nicht immer lustig ist und sie uns manchmal an die Grenzen unserer Selbstbeherrschung bringen, sind es doch die schönen und hilfreichen Aspekte der Hundehaltung, die überwiegen.

Hier die zehn wichtigsten Gründe, den besten Freund vierbeinig werden zu lassen:

1. Mit Hund ist man nie allein. Man hat immer jemanden an seiner Seite, mit dem man freudige und traurige Momente teilen kann, der einen gern auf Ausflüge begleitet, dabei zwei wachsame Augen, Ohren und eine stets wache Nase hat und einen notfalls auch verteidigt. Wir fühlen uns mit Hunden wohl, dürfen sein, wie und wer wir sind, und werden von ihnen nie verurteilt. Dadurch geben sie uns Sicherheit und Geborgenheit.

2. Hunde sind Stimmungsaufheller. Ihre nahezu unerschütterliche gute Laune ist ansteckend und sie geben jeden Tag aufs Neue einen Grund zum Lächeln.

3. Hunde holen uns aus der virtuellen Welt wieder auf den „Boden der Tatsachen" zurück. Denn sie sind Freizeitaktivität und Partner in einem. Sie zwingen uns bei jedem Wetter nach draußen und verbessern dadurch nicht nur unsere Fitness, sondern auch unser Immunsystem. Damit sorgen sie u. a. auch dafür, dass Hundehalter tendenziell gesünder sind als Nichthundehalter (Cutt et al 2008, Sirard et al 2011, Christian et al 2013, Andreassen 2013).

4. Sie sind eine Quelle der Unterhaltung und nicht selten das bessere Fernsehprogramm.

5. Der Familienzusammenhalt ist mit Hund größer als ohne (Wachtel 2002).

6. Hunde üben durch ihre alleinige Anwesenheit einen signifikant positiven Einfluss auf Kinder und ihr Lernverhalten aus (Beetz et al 2012a, Sirard et al 2011, Ortbauer 2001) und schaffen es in unserer heutigen elektronischen Welt, unsere Kinder von den Bildschirmen weg- und nach draußen zu locken.

7. Sie sind so herrlich flauschig.

8. Hunde verhelfen uns immer wieder zu neuen Sozialkontakten, ob wir wollen oder nicht. Auch sorgen sie dafür, dass wir positive neue Kontakte schneller als Freundschaften wahrnehmen (Wood et al 2015).

9. Hunde sind die beste Medizin. Sie zu streicheln ist nachweislich gesund und senkt den Stresslevel. Ihre alleinige Anwesenheit senkt Pulsfrequenz und Blutdruck und entspannt die Nerven (bei Hundefreunden), zusätzlich verstärkt werden diese Effekte noch bei Interaktion und Berührung (Beetz et al 2012a, Beetz et al 2012b, Wright et al 2015).

10. Hunde sind auch die besten Seelsorger. Sie geben uns den Raum und die Zeit, die wir brauchen, um uns zu öffnen. Sie brechen emotionale Mauern, wie ein Mensch es nicht vermag: Aggressive Menschen werden durch ihre bloße Anwesenheit ruhiger, Verschlossene vertrauen sich ihnen an und sogar traumatisierten Kindern gibt ihre alleinige Gegenwart wieder Hoffnung. Selbst der beste Psychologe erreicht in seinem ganzen Leben also oft nicht das, was sein Hund in fünf Minuten ermöglichen würde. Hunde stützen uns psychisch und haben die phantastische Eigenschaft, uns so zu nehmen, wie wir sind. Sie werten nicht, urteilen nicht und machen sich nichts aus dem Geschwätz anderer. Sie lecken uns die Tränen aus dem Gesicht und stupsen uns wieder zurück ins Leben. Und all das mit einem leisen, aber steten und aufmunternden Wedeln. Sie teilen mit uns Freud und Leid, begleiten uns durch gute wie durch schlechte Zeiten und lassen uns dabei so sein, wie wir sind. Nur in einer verbesserten Version unserer selbst, nämlich als uneingeschränkt geliebter und geschätzter Partner fürs Leben.

Gegenseitige Nähe, Sicherheit und Vertrauen sind wohl die wichtigsten Gründe, den besten Freund vierbeinig werden zu lassen. Denn nicht nur unsere Hunde finden Geborgenheit bei uns, wir finden sie auch bei ihnen.

»Selbst der
beste Psychologe
erreicht in
seinem ganzen Leben
oft nicht das,
was sein Hund
in fünf Minuten
ermöglicht.«

Hundeliebe ist,
wenn man trotzdem lacht

Was einem vorher niemand über Hundehaltung sagt: Sie ist nicht immer lustig. Verabschieden Sie sich vom Klischee des stets perfekten Hundes, der Ihre Gedanken liest und Ihnen in sämtlichen Situationen zur Seite steht. Meist tut er das nämlich nicht. Ganz im Gegenteil.

Hundehaltung ist wunderbar, anstrengend, erfüllend, nervtötend, heilsam und zeitraubend. Sie hat viel mit Schmutz, Auseinandersetzungen und gerissenen Geduldsfäden zu tun, aber auch mit Vertrautheit, innigen Momenten und wertvollen Erlebnissen. Und dann sind da noch die Hundehaare. Außerdem werden, falls Sie nicht einen absoluten Ausnahmehund bei sich aufgenommen haben (solche Hunde gibt es tatsächlich), einige oder mehrere der nachstehenden Punkte zwangsläufig auf Sie zukommen:

ZUM THEMA HUND

Sie werden sich ratlos fühlen.

Einen Hund von Anfang an optimal anzuleiten, ist mit viel Erfahrung und dem nötigen Werkzeug zur Hundeerziehung verbunden. Auch kommt es immer auf das Individuum Hund an, welche Methode wie zielführend ist.

Das kann selbst erfahrene Hundehalter bei Hund Nr. 4 verzweifeln lassen, wenn sämtliche Erziehungsmethoden, die bei den Hunden 1–3 gut funktioniert haben, wirkungslos bleiben. Denn gleichgültig, wie viel man zum Thema Hund schon gesehen, gelernt und erlebt hat oder wie viel man über Hunde zu wissen glaubt: Früher oder später wird sich ein Vierbeiner vorstellen, der einem ein Gefühl von Ratlosigkeit vermittelt.

Egal ob Sie Hundeneuling oder -profi sind: Freuen Sie sich darüber! Denn genau dieser Hund gibt Ihnen die Möglichkeit, Ihren Erfahrungsschatz zu erweitern und über sich selbst hinauszuwachsen. Denn sich ratlos zu fühlen ist keine Schande. Scheuen Sie sich nicht davor, professionelle Hilfe in Anspruch zu nehmen! Rat einzuholen hat nichts damit zu tun, etwas nicht auf die Reihe zu bekommen, sondern nur, den kürzesten Weg zur optimalen Lösung zu gehen.

Sie werden an die Grenzen Ihrer Selbstbeherrschung kommen.

Da nimmt man einen Hund bei sich auf, hegt und pflegt ihn, investiert viel Zeit und Geld in seine optimale Entwicklung, und wie dankt er es? Die Mülltrennung wird in Eigeninitiative umorganisiert (die Guten ins Kröpfchen, die Schlechten über die gesamte Wohnung verteilt), die Polsterung des Autositzes hängt gewissenhaft geschreddert in Fetzen, das andauernde Bellkonzert macht eine ungestörte Unterhaltung mit Bekannten unmöglich oder die bis dato so nett begrüßten Zwei- und Vierbeiner werden plötzlich zum Staatsfeind Nr. 1.

Haben Sie dann auch noch schlecht geschlafen, kommen gestresst von der Arbeit oder hatten unterwegs Ärger mit Fremden, wird mit einer Wahrscheinlichkeit von 99,9 % zumindest ein Geduldsfaden reißen.

Es kommt jener Moment, über den Hundehalter gern schweigen, weil sie nicht als Unmenschen dastehen oder ein negatives Bild ihrer Beziehung zum Hund nach außen transportieren wollen: jener, in dem man kurz mit dem Gedanken spielt, das Vieh wieder zum Züchter/ins Tierheim zurückzubringen bzw. ihm „den Kragen umzudrehen". Willkommen im Club!

Lassen Sie diesen Gedanken zu. Sie sind damit nämlich nicht allein: Jeder Hundehalter kommt früher oder später an diesen Punkt. Wir würden selbstverständlich unsere Vierbeiner weder ernsthaft verwursten, sie aussetzen noch ihnen tatsächlich den Kragen umdrehen. Aber man wird doch noch ein Gedankenexperiment starten dürfen. Solche Gedankenspiele befreien und kanalisieren die Energie weg vom tatsächlichen Geschehen.

Dadurch hat man die Möglichkeit, kurz durchzuatmen und wieder etwas mehr Distanz zu wahren, um sich danach wieder etwas gefasster dem Desaster widmen zu können.

Sie werden sich früher oder später fragen, ob das mit der Hundehaltung so eine gute Idee war.

Wenn Sie gern an der frischen Luft sind, Hunde und ihre Haare mögen, den Vierbeiner auch finanziell bzw. zeitlich unterbringen können und Lust auf Konflikte haben, können Sie die Frage, ob Hundehaltung eine gute Idee ist, sofort mit „Ja" beantworten. Die ersten Punkte beantwortet man schnell und sicher, sonst würde man ja wohl kaum einen Hund anschaffen. Der letzte Punkt aber ist jener, der im Vorfeld nicht erwähnt wird. Denn: Hundehaltung ist Konfliktbewältigung. Ob der verängstigte Vierbeiner gerade alles lieber tun würde, als in diesen Bus zu steigen, das personifizierte Selbstbewusstsein am anderen Ende der Leine gerade den Chef herauskehren muss, oder Sie insgeheim überlegen, ob hinter dem Malheur Ihres Hundes nicht vielleicht doch Absicht gesteckt hat – Hundehaltung besteht, vor allem anfangs, aus vielerlei Konflikten.

Meine Hündin Sayuri etwa hat während der 15-minütigen Vertragsunterzeichnung zu ihrer Übernahme aus dem Tierheim das ca. 8 m² große Büro umgestaltet, die Prospekte aus dem Zeitschriftenständer gerissen, den Sessel an- und die Leine durchgekaut und auf zwei Ebenen (Boden und Schreibtisch) so ziemlich alles umgeworfen, was umgeworfen werden konnte. Als ich beim Setzen meiner Unterschrift mit der zweiten Hand verzweifelt versucht habe, die vierbeinige Urgewalt vom Schlimmsten abzuhalten und sich dabei zweimal ihre Zähne in meinen Handrücken gruben, trat ein Gedanke immer mehr in den Vordergrund: Ob das jetzt eine so gute Idee war?

Heute, viele (viele!) Konflikte und zerstörte Gegenstände später ist Sayuri meine Vorzeigehündin, wird von allen als der Ruhepol meiner Gruppe wahrgenommen und von mir mittlerweile als Therapiehündin für Menschen und Hunde eingesetzt. Sie bereichert unser Team mit ihrer unerschütterlichen und lustigen Art, und gerade jetzt, beim Schreiben dieser Zeilen, liegen wir gemeinsam in der Wiese, aneinandergekuschelt auf einer Decke, und Sayuri „grinst" mich an.

War es eine gute Idee, diesen Tornado aufzunehmen?

Definitiv.

Ihr Hund wird Sie erziehen.

Was einem vorher niemand sagt: Ihr Hund wird Sie ebenso erziehen wie Sie ihn. Nicht nur werden Sie rasch lernen, seinen Anweisungen zeitnah Folge zu

1-3

Ob Wasser, Kot, Aas oder Schlamm: nicht immer nimmt man seinen Hund in dem optischen Zustand wieder mit nach Hause, in dem man es verlassen hat. Gelegentlich möchte man ihn deshalb am liebsten gar nicht mehr mitnehmen, sondern abwarten, bis sich zumindest der olfaktorische Zustand gebessert hat. Wenn man nur könnte.

———

leisten (siehe Seite 71, „Die Aufmerksamkeitsfalle"), gerade was Disziplin, Selbstbeherrschung und Durchsetzungsvermögen betrifft, ist ein Leben mit Hund die große Schule in Bezug auf die Arbeit am eigenen Verhalten. Die Verantwortung für Ihren Hund, seine Bedürfnisse und seine Erziehung werden Sie zu einem strukturierteren und souveräneren Menschen machen.

Ihr Hund wird Sie austricksen, ohne dass Sie es merken.

Es passiert selbst den Besten: ausgetrickst vom eigenen Hund.
Etwa weil der Vierbeiner vorgibt, mal schnell pinkeln zu müssen, um sich dann (nach dickem Einpacken seines Menschen für –7 Grad Celsius und drei Stockwerken ohne Lift) nur zu vergewissern, ob die Wurst am Wegesrand noch da ist, wo man sie vor einer Stunde aus Gehorsamsgründen liegen zu lassen gezwungen war. Oder weil man sich lieber taub stellt und deshalb zum Tierarzt geschleift wird, als ein ödes Kommando in Gegenwart anderer auszuführen. Oder weil aus Hundesicht ein einfaches Abwenden des Menschen bereits der Startschuss für ein neuerliches Umgehen der gerade festgesetzten Regeln sein kann. Hunde haben ein Eigenleben und einen opportunistischen Charakter. Sie durchschauen uns und wissen jede unserer Schwächen geschickt auszunutzen. Und sie haben eben nichts Besseres zu tun. Zeigt Ihr Hund also Ambitionen, durch List und Tücke sein Leben zu verbessern, freuen Sie sich: Er ist intelligent! Mit etwas Selbstironie und Humor kann man diese Dinge hinnehmen und zum gegebenen Zeitpunkt an ihrer Veränderung arbeiten.

Es wird Tage geben, an denen Ihr Hund besser ernährt ist als Sie.

Ein Beispiel: Das gestrige Frühstück meiner Hunde: Faschiertes vom Rind mit Vollkornflocken und Karotten. Mein gestriges Frühstück: Instantkaffee, weil keine Zeit mehr blieb und die Milch sauer war.

Sie werden sich (sofern Sie auf die richtige Ernährung Ihres Hundes achten und es nicht gerade Pansen gibt) irgendwann dabei ertappen, sehnsüchtig in seinen Napf zu blicken und den Inhalt mit Ihrer eigenen Mahlzeit zu vergleichen, die aus Zeitgründen gerade etwas karger ausfallen musste. Macht nichts. Das nächste Mal sind Sie wieder dran.

Sie werden einen stinkenden, mit Tierkot panierten Hund vorfinden.

Ihre Hundeliebe wird den ersten großen Härtetest spätestens dann bestehen müssen, wenn Ihr Hund Tier- oder Menschenkot ausfindig gemacht, gefressen und/oder sich genüsslich darin gewälzt hat. Gleiches gilt selbstverständlich auch für Tierkadaver.
Den anschließenden glücklichen Gesichtsausdruck Ihres Hundes werden Sie vermutlich nicht mit ihm teilen können. Vor allem deshalb, weil die vierbeinige Kuhflade ja auch irgendwie wieder nach Hause transportiert werden will. Wenn Sie an diesem Tag den Jackpot geknackt haben, sogar öffentlich.
Sollten Sie zu den ausgesprochen wenigen Hundehaltern zählen, denen diese Erfahrung erspart bleibt, begnügen Sie sich an dieser Stelle mit einem schadenfrohen Lächeln und der Gewissheit, dass

Sie leider um eine Ihrer besten Hunde-geschichten ärmer sind. Allen anderen wünsche ich schon jetzt viel Spaß beim Managen dieser Situation und verbleibe mit der Bitte, besonders schöne Geschich-ten zu diesem Thema auch mich wissen zu lassen (info@hundsgemein.at).

„Fremdschämen" wird Ihnen nicht mehr ganz so fremd sein.

Egal ob Ihr Hund Ihrem Chef die Schnauze zwischen die Beine steckt, in der Bank gegen den Geldautomaten pinkelt oder der vorbeigehenden Kinder-gartengruppe sämtliche Süßigkeiten aus den kleinen Händen stiehlt: Fremd-schämen wird ein neuer Bestandteil Ihres Verhaltensrepertoires werden. Mit fortschreitendem Erziehungsstatus (des Hundes) bewegen sich dessen Häufigkeit und Dauer jedoch langsam gegen null.

1

2

3

»Hunde sind Spitzbuben,
Lauser, Hallodris
und Schlawiner.
Sie sind Komiker
und Herzensbrecher.
Sie wissen genau,
wie sie uns Menschen
überlisten können,
durchschauen uns,
ohne sich anzustrengen,
und bringen uns damit
zur Verzweiflung,
zum Schreien und
zum Lachen.«

Ihr Hund wird Ihre Schwachstellen zu nutzen wissen.

Sie sind gestresst und unkonzentriert? Dann Hundegehorsam ade. Eine Woche krank? Viel Spaß bei zwei Wochen Umerziehen der Repertoireerweiterung Ihres Hundes. Werden Sie durch Ihr Telefon von der Übung „Nein!" abgelenkt? Schneiden Sie schon einmal ein neues Stück Wurst ab…

Hunde haben durch ihr feines Lesen unserer Körpersprache ein Auge dafür, wann wir ihnen Erziehung nahebringen können und wann wir scheitern werden. Kluge Hunde nutzen dies zur Verbesserung ihrer individuellen Fitness und werden, sobald Sie Schwachstellen aufzeigen, einen Weg finden, die Situation für sich „besser" zu lösen.

Ihr Verhältnis zu Ausscheidungsprodukten wird sich ändern.

Ob heraufgewürgte Grashalme oder aus sämtlichen Öffnungen gepresste Flüssigkeiten – Sie werden sich mit deren Entsorgung auseinandersetzen müssen. Und das zu jeder Tages- und Nachtzeit.

Der erste Monat mit Ihrem Hund hat nichts mit dem Hund zu tun, den Sie danach haben werden.

Nahezu alle Hunde sind in den ersten Wochen brav und anhänglich. Erfahrungsgemäß stellt sich aber spätestens ab Woche drei langsam heraus, womit man es wirklich zu tun hat. Bei unsicheren oder ängstlichen Hunden dauert diese Phase weitaus länger.

Fallen Sie also nicht aus allen Wolken, wenn Ihr Hund sich nach dem ersten Monat bei Ihnen verändert. Das ist ganz normal.

Die Beschreibungen von zu vergebenden Hunden entsprechen oft nicht der Wahrheit.

Durchforstet man Hundeannoncen, egal ob vom Züchter, von Tierschutzorganisationen oder Privatpersonen, trifft man fast immer auf vierbeinige Wunderwauzis. Solche Beschreibungen können kaum einem Hund gerecht werden. Bei Mischlingen scheint der Phantasie dabei oft keine Grenzen gesetzt zu sein: Es ist erstaunlich, welche Rassen gern in einen Mischlingshund hineininterpretiert werden und dann angeblich auch die jeweils besten Charaktereigenschaften eingebracht haben sollen.

Die Aufnahme eines „vorbelasteten" Hundes erfordert nicht nur Sachkenntnis, sondern auch Mut, Verständnis und Hingabe. Doch sie ist jede Mühe wert.

Seien Sie daher bitte vorsichtig und lesen Sie solche Beschreibungen kritisch, bevor Sie sich für einen Hund entscheiden. Zwischen den Zeilen steht oft ein ganz anderes Bild des Hundes. Scheuen Sie auch nicht davor zurück, sich von Experten beraten zu lassen. Hier kann man in einem Gespräch vorab bereits genau erörtern, welche Charaktereigenschaften der betreffende Hund mitbringen muss und ob der angestrebte Hund dafür der Richtige ist.

Gerettete Hunde sind oft auch vorbelastete Hunde.

Wenn Sie einen „vorbelasteten" Hund bei sich aufnehmen wollen, potenzieren sich Zeit- und Trainingsaufwand zum Teil enorm. Vor allem unerfahrene Hundehalter sollten sich daher bei der Auswahl ihres Hundes unbedingt fachlich unterstützen lassen, bevor sie einen Hund aus dem Tierheim, von einer Hilfsorganisation oder auch Privatpersonen übernehmen.

Der Hund zu Hause und der Hund „draußen" wirken oft wie zwei verschiedene Exemplare.

Einige meiner „couragiertesten" vierbeinigen Kunden sind zu Hause wahre Couchpotatoes und Schmuser. Andere benehmen sich im Freien sozial verträglich und offen, mutieren aber zu Hause zum regelrechten Cerberus.
Nicht jeder Hund verhält sich drinnen wie draußen gleich. Je nach Motivationen, genetischem Potenzial und Erziehungsstatus können die einzelnen Hunde dabei die volle Verhaltensbandbreite von Dr. Jekyll bis zu Mr. Hyde zeigen.

ZUM THEMA FAMILIEN-/ FREUNDESKREIS

Sie werden versucht sein, das Missgeschick Ihres Hundes geflissentlich zu übersehen bzw. sich schlafend zu stellen, in der Hoffnung, dass Ihr Partner es beseitigt.

Die vierte Nacht mit dem neuen Welpen – die vierte Nacht ohne Schlaf. Wenn das „Stubenreinheitsgebot" noch ein entferntes Wunschziel ist und die Zuständigkeiten nicht eindeutig geklärt sind, werden Sie sich dabei ertappen, sich beim ersten Erkennen des Malheurs (visuell oder olfaktorisch) rar zu machen, um die Freuden seiner Beseitigung dem Partner zu überlassen.

Sie werden erziehungstechnische Diskussionen nicht nur mit Ihrem Hund durchstehen müssen, sondern auch mit Ihrer Familie.

Da auch eine Familie aus Individuen besteht, kann es sein, dass Sie sich mit unterschiedlichen Meinungen zum Thema Hundeerziehung konfrontiert sehen. Wichtig ist, dass die gesamte Familie hier an einem Strang zieht und der Hund nicht auf fünf verschiedene Weisen erzogen wird. Auch sollten nicht einzelne Familienmitglieder versuchen, sich beim Hund beliebter zu machen als andere. Sonst lernt der Hund meist schnell, dass man Menschen nicht ernst nehmen kann, weil sie ständig um die eigene Zuneigung und Aufmerksamkeit buhlen. Und sie dadurch auch perfekt manipulieren und gegeneinander ausspielen zu können. Setzen Sie sich zu diesem Zweck am besten schon vor dem Einzug des neuen Vierbeiners mit der gesamten Familie zusammen und besprechen Sie, was in der Erziehung des Hundes wichtig sein wird, wie man diese Ziele gemeinsam umsetzen kann und was die Aufgaben jedes Einzelnen sind. So ein gemeinsam geplantes Projekt stärkt außerdem das Zusammengehörigkeitsgefühl der Familie.

Sie werden sich in einem optischen Zustand auf der Straße wiederfinden, den Sie niemals für sich in Betracht gezogen hätten.

Beim x-ten Ausführen des noch nicht stubenreinen Hundes wird irgendwann das optische Erscheinungsbild, das man nach außen transportieren möchte, unwichtig. So kann es schon mal vorkommen, dass man sich zum Wohl einer sauberen Wohnung völlig übermüdet um halb zwei Uhr nachts in Pyjama und Schlappen auf die Straße schleppt. Wenn Sie Glück haben, bleiben Sie unerkannt. Wenn Sie Pech haben, stehen Sie dabei Ihren Freunden beim Lokalwechsel im Weg.

Dies führt auch gleich zum nächsten Punkt:

Ihr Freundeskreis wird sich ändern.

Dieser Punkt folgt unweigerlich, wenn Sie nicht schon Ihr bisheriges Leben mit Hunden verbracht haben. Denn ein Hund ändert den Alltag und damit auch die Beziehung zu Freunden. Nicht nur, dass Sie sich mit dem „Frauchen/Herrchen von ..." vom Haus zwei Straßen weiter öfter unterhalten werden als mit Ihren besten Freunden, es wird auch der Moment kommen, wo Sie bei einigen Ihrer Freunde Unverständnis oder gar Missfallen für Ihre Hundehaltung ernten. Damit sind unweigerlich Konflikte vorprogrammiert. Im Gegenzug lernen Sie durch Ihren Hund auch wieder neue Menschen kennen, die es wert sind, sich mit ihnen auch abseits eines Hundespaziergangs zu treffen.

Ihr Freundeskreis wird sich also möglicherweise um das eine oder andere Mitglied verringern, dafür aber um viele Neuzugänge erweitern, die Verständnis für Sie, Ihren Alltag und Ihren Hund aufbringen. Und eine „Hundecommunity" um sich zu haben, mit der man sich treffen und austauschen kann, ist mindestens ebenso bereichernd wie ein Freundeskreis, mit dem man durch die Welt jettet.

Es gibt Zeiten, da würde man seine Hunde lieber draußen transportieren ...

ZUM THEMA HAUSHALT

Die Wohnung müffelt mehr oder weniger nach Hund.

Niemand will es wahrhaben, doch es ist leider so. Besonders an Regentagen.

Die Anzahl der hundehaarfreien Kleidungsstücke bewegt sich gegen null.

Die Überschrift steht leider für sich.

Ihr Auto wird nie mehr dasselbe sein.

Hundehaare, wo man sie nie vermutet hätte, schmutzige Pfotenabdrücke, wo eigentlich gar keine sein dürften, und eine entsprechende Sicherungsvorrichtung, die das optische Erscheinungsbild des Innenraums mindert, sind die unweigerlichen Folgen eines Hundes im Auto. Wenn Sie Pech und einen frustrationsintoleranten Hund haben, nimmt dieser möglicherweise auch die Umgestaltung des Innenraums in Eigeninitiative vor. Wollen Sie also Ihren Hund auch im Auto transportieren, fahren Sie damit noch einmal eine letzte Ehrenrunde, fotogra-

fieren Sie es zu seinen besten Zeiten und streichen Sie noch ein letztes Mal über die hundehaarfreien Armaturen. Denn diese Zeiten sind demnächst vorbei.

Ihr Parkettboden sieht aus wie der Kratzbaum eines bengalischen Tigers.

Auch wenn Sie Ihrem Hund nicht erlauben, zu Hause wild herumzutollen – was für das Auto gilt, gilt leider auch für Ihren Parkettboden. Haare, Schmutz und – Krallenspuren hinterlassen ihre Eindrücke im Holz. Wie das? Stellen Sie einfach einen Napf mit gebratenem Rindfleisch auf den Boden, rufen Sie Ihren Hund aus dem Nebenzimmer ums Eck und beobachten Sie ... Tempo und Kurvenlage sind beeindruckend!

Der Prozentsatz der „praktischen" Kleidungsstücke erhöht sich gegenüber jenem der „modernen" beinahe direkt proportional mit der Anzahl Ihrer Monate als Hundehalter.

Auch diese Überschrift steht für sich.

Sie werden lernen, (geliebte) Dinge sicher zu verwahren.

Ob ein Kettchen mit Anhänger, ein geliebtes Stofftier oder einfach nur die Reste vom Mittagessen, Sie werden einen sechsten Sinn dafür entwickeln, was man alles zerkauen, annagen, fressen oder verschlucken kann, wenn man gelangweilt und vierbeinig ist.

Hundekotbeutel werden zum festen Bestandteil Ihrer Garderobe.

Jede Jacke, jede Tasche und viele Hosen werden durch sie gebeult, denn man trägt sie schließlich zweckdienlich in größeren Mengen bei sich. Das meist schwarze „Must-have" des Hundehalters findet sich dann allerdings auch gern in der Wäsche wieder. Keine Sorge, viele, viele Feldstudien (u. a. auch der Autorin) haben bewiesen, dass Hundekotbeutel maschinenwaschbar sind. Und sie duften danach sogar besser.

ZUM THEMA UMWELT

Sie werden mit Ihren Mitmenschen über Hundeerziehung diskutieren.

Zum Thema Hundeerziehung gibt es eine Expertisenquote von nahezu 100 %. Egal ob der Fleischer ums Eck, die alte Dame mit dem soundsovielten Hund oder der Mitreisende des öffentlichen Verkehrsmittels: Unzählige Menschen werden sich bemüßigt fühlen, Ihnen Tipps und Ratschläge zur Hundeerziehung zu geben. Manche gut gemeint, andere aus reiner Besserwisserei. Beinahe immer aber handelt es sich dabei um gefährliches Halbwissen.

Derlei „Experten" entnehmen ihr Wissen nämlich oft dem Internet, diversen Fernsehsendungen, dem Gerede von anderen, eigenen Erfahrungen aus der Erziehung ihres Hundes oder stellen einfach nur aus der Luft gegriffene Behauptungen auf. Doch wie Sie bereits wissen, ist es einer der schlimmsten Fehler in der Hundeerziehung, ein Schema F über alle Hunde zu stülpen. Und damit auch, von einem Hund auf alle anderen zu schließen.

Abgesehen davon, dass viele Methoden fragwürdig sind und jeglichen Fachwissens entbehren: Lassen Sie sich nichts einreden. Schon gar keine Erziehungstipps für Ihren Hund. Hören Sie daher auf Ihr Bauchgefühl und überlegen Sie vorab, wie und womit Sie Ihren Hund erziehen möchten. Suchen Sie den Rat von fachlich qualifizierten Hundetrainern, wenn Sie sich in bestimmten Punkten unsicher sind, und erziehen Sie Ihren Hund, wie SIE es für richtig halten.

Hunde sind einfach das beste Schlechtwetterprogramm.

Früher oder später befinden Sie sich wegen Ihres Hundes im Konflikt mit Nichthundehaltern.

Nicht jeder Mensch ist Hundefreund. Selbst wenn Sie einen gut erzogenen Hund Ihr Eigen nennen, sich als rücksichtsvoller Hundehalter auszeichnen und Probleme aus dem Weg gehen möchten, werden Sie Konflikte mit Menschen ohne Hund nicht meiden können.

Viele Menschen projizieren alte Konflikte mit anderen Hunden auf jeden Hund, dem sie begegnen, fühlen sich generell aus persönlichen, gesellschaftlichen oder religiösen Gründen durch die Anwesenheit eines Hundes gestört oder geraten bei dessen Annäherung in Panik. Anfangs nimmt man sich solche Anfeindungen meist noch zu Herzen, doch mit der Zeit werden auch Sie ein dickes Fell bekommen, was solche Auseinandersetzungen betrifft. Wichtig ist, diese nicht persönlich zu nehmen. Denn sie sind nicht persönlich gemeint. Ihr Gegenüber kennt weder Sie, noch Ihren Hund und ist meist nur frustriert.

Ein Beispiel: Wenn fremde Hunde sich nähern, rufe ich meine Hunde zu mir und wir gehen gemeinsam auf das unbekannte Mensch-Hund-Gespann zu. Wirken beide sympathisch, frage ich den Halter, ob die Hunde sich begrüßen dürfen. Immer wieder aber passiert es, dass fremde Halter ihre Hunde ungefragt auf meine Hunde losschießen lassen (eine Dame ließ ihren Hund dabei sogar mehrfach über eine befahrene Straße laufen, eine andere ihre Hunde mehrfach meine kleine Hündin Kylie hetzen). Beschimpft werde dann aber jedes Mal ich, weil ich nicht zulasse, dass sich diese Hunde auf so unhöfliche Art und Weise meinen Hunden nähern beziehungsweise sie jagen oder attackieren und ich diese Hunde daher entsprechend abschirme oder zurechtweise, wenn die Halter nicht auf meine Bitten und Aufforderungen, das selbst zu tun, eingehen.

Früher oder später befinden Sie sich wegen Ihres Hundes im Konflikt mit Hundehaltern.

Ich starte hier gleich mit dem wichtigsten Satz zu diesem Thema: All jene, die Sie wegen Ihres Hundes anfeinden, obwohl dieser gut erzogen ist, haben meist selbst die größten Defizite in der Erziehung ihres eigenen Hundes. Sie können ihn weder rufen, noch beeinflussen und wissen das auch. Weil sie sich das aber nicht eingestehen wollen, müssen Sie als Sündenbock herhalten.

Doch warum werde ich in Wahrheit beschimpft? Weil diese Menschen nicht in der Lage sind, ihre Hunde zu beeinflussen und zurückzurufen. Leider ist man als Hundehalter vor solchen Menschen nicht gefeit. Doch Sie sind mit diesen Erfahrungen nicht allein. Wenn möglich tauschen Sie sich nach solchen Konflikten mit gleichgesinnten Hundehaltern aus, das hilft!

1–3

Hunde werden, ob beabsichtigt oder nicht, zu einem wichtigen Bindeglied mit der sozialen Umwelt. Sie sind nicht nur Eisbrecher und eine nie versiegende Quelle für Gesprächsstoff, sie lockern auch neue Zusammenkünfte und Unterhaltungen auf, indem sie einfach nur da sind und man sich ihnen immer wieder einmal zuwenden kann.

Ihr Hund wird dafür sorgen, dass Sie plötzlich mit Menschen in Kontakt kommen, die Sie sonst niemals kennengelernt hätten.

Abgesehen vom neuen Kontakt zum Tierarzt Ihres Vertrauens ist ein Hund auch sonst ein wahrer Eisbrecher. Ob beim Spaziergang, mit Nachbarn, beim Einkauf oder bei der Fahrt in öffentlichen Verkehrsmitteln: Sehr schnell kommt man durch einen vierbeinigen Begleiter mit Menschen ins Gespräch. Was gleich zum nächsten Punkt führt:

Sie werden sehr viel mehr Aufmerksamkeit genießen, ob Sie wollen oder nicht.

Mit einem Hund an seiner Seite bleibt man nicht unbemerkt. Sie werden angelächelt, angesprochen und manchmal sogar verfolgt. Sind Sie also eher der Typ Mensch, der gern ungestört mit seinem Hund spazieren geht, müssen Sie durchaus ein Stück in den Wald hineingehen/-fahren, um diesen Wunsch verwirklichen zu können. Und selbst dort ist man vor Begegnungen nicht gefeit. Dabei gilt die Regel: Je jünger der Hund, desto größer die Aufmerksamkeit. Besonders gefährdet sind auch Hunde, die viele Attribute des Kindchenschemas aufweisen. Als Halter eines ausgewachsenen, murrigen Rottweilerrüden fällt einem ein ungestörter Spaziergang um einiges leichter als einem frischgebackenen Besitzer eines Zwergdackelwelpen.

Sie werden auf den Namen Ihres Hundes reduziert.

„Das Frauchen/Herrchen von …" wird zu Ihrem neuen Rufnamen, wenn Sie einen Hund haben. Doch haben Sie Mitgefühl, auch Ihnen wird es mit anderen Hundehaltern so gehen!

1

Die Namen unserer Hunde werden sofort erfragt, wiederholt und abgespeichert, wohingegen es niemanden zu interessieren scheint, wie das andere Ende der Leine heißt. Erst nach vielen gemeinsamen Spaziergängen kommt die meist geflüsterte Frage: „Entschuldigung, IHREN Namen habe ich vergessen. Wie heißen Sie noch mal?"

Sie werden ohne Ihren Hund auf der Straße nicht mehr erkannt werden.

Ohne meine Hunde bin ich nichts. Gehe ich die üblichen Wege einmal ohne sie, bin ich so unsichtbar, dass ich manchmal absichtlich Menschen so entgegengehe, dass sie ausweichen müssen, nur um mich zu vergewissern, dass ich noch da bin.

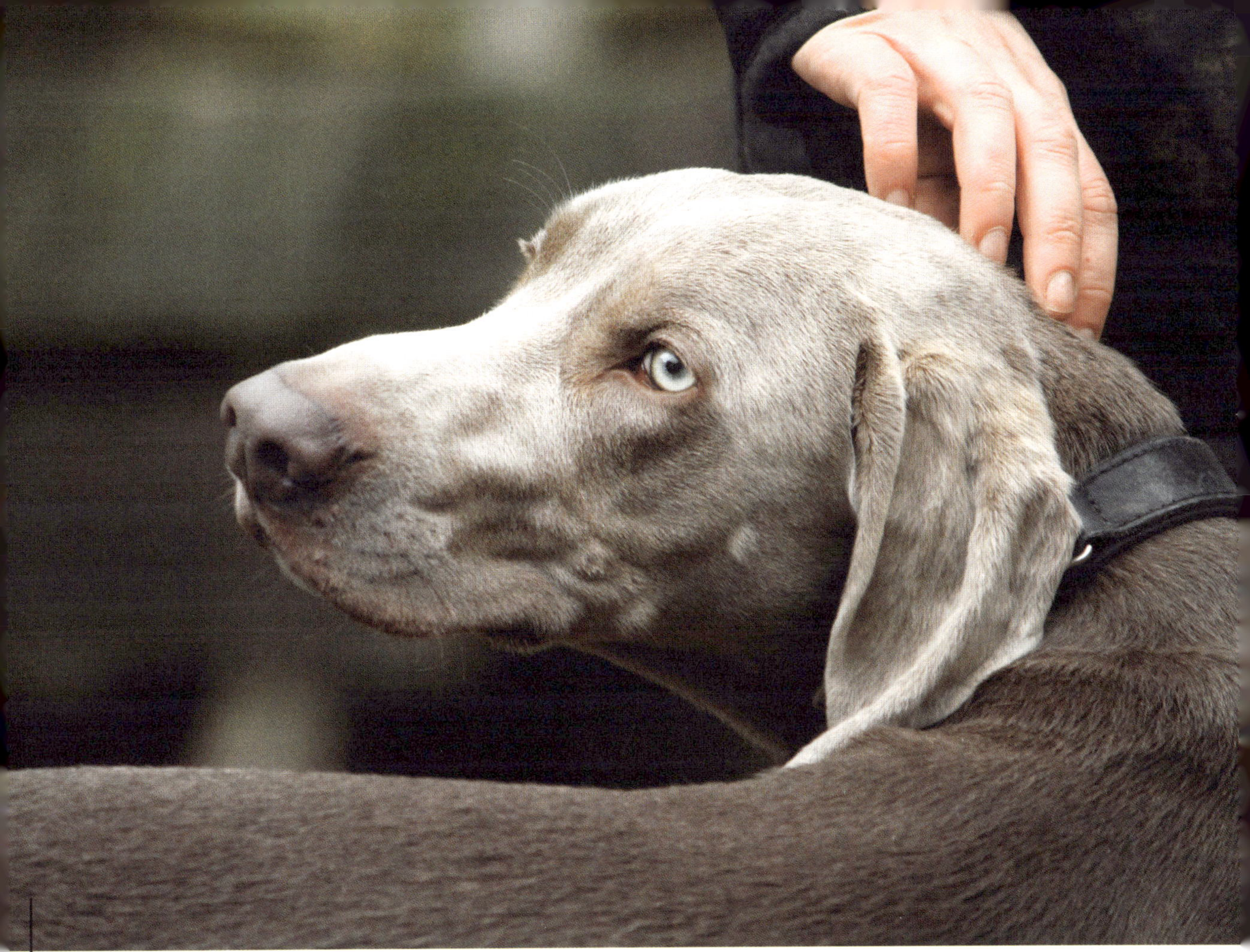

2

Ist ein Mensch einmal mit Hund abgespeichert, existiert er quasi nicht mehr „ohne". Der Hund ohne seinen Menschen wird im Gegenzug sofort erkannt.

Entscheiden Sie sich also dafür, Hundehalter zu sein, werden Sie früher oder später mit zumindest einigen dieser Punkte konfrontiert. Wenn Sie Glück haben, mit wenigen, wenn Sie noch mehr Glück haben, mit allen. Sie werden lachen, weinen, Momente höchster Freude verspüren, aber auch verzweifeln. Sie werden sich freuen und ärgern, und am Ende werden Sie feststellen, dass Sie all das gern tun, weil gerade diese emotionalen Momente zusammenschweißen und später Bestandteil jener Erzählungen sind, mit denen Sie Ihre Freunde und Bekannten amüsieren. Und vor allem, weil der Vierbeiner an Ihrer Seite all das wert ist.

3

ERZIEHUNGS-ARBEIT

IST BEZIEHUNGS-ARBEIT

Anleitung zum Unglücklichsein

Hunde sind, wie wir in den vorigen Kapiteln gesehen haben, für das Zusammenleben und für die Zusammenarbeit mit uns Menschen „gemacht". Es bedarf
daher durchaus einiger Arbeit, Ihren Hund dazu zu bringen, NICHT mit Ihnen
zusammenarbeiten zu wollen und NICHT mit Ihnen ein Bündnis einzugehen,
das auf Vertrauen und Kooperation basiert.

W as also müssen Sie tun, damit die Beziehung zu Ihrem Hund einen Knacks bekommt?

Schaffen Sie Ihren Hund für einen Zweck an, den er nicht erfüllen kann.

Ob als Statussymbol, Partnerersatz, Ersatz für den verstorbenen Hund, Kindermädchen oder Filmhund-Double: Immer wenn der Erwerb eines Hundes mit falschen Erwartungen einhergeht, besteht das Ergebnis aus Enttäuschung und Frust. Berücksichtigt man die individuellen Bedürfnisse und Charaktermerkmale seines Hundes nicht und presst ihn stattdessen in eine vorgefertigte Rolle, kann ihm das nicht gerecht werden. Diese unerfüllten Erwartungen sorgen für Enttäuschungen und damit oftmals auch für Missverständnisse auf beiden Seiten. So kann keine Bindung entstehen. Oder wie würde es Ihnen gehen, wenn sich Ihre Eltern enttäuscht zeigten, weil Sie anstatt Gehirnchirurg „nur" Orthopäde geworden sind? – Liebe Gehirnchirurgen, da Ihnen dieses Beispiel nun leider nicht gerecht wird, seien Sie entweder froh, dass Ihre Eltern stolz auf Sie sind, oder stellen Sie sich obiges Beispiel stattdessen mit dem Beruf „Konzertpianist" vor.

Versuchen Sie, sich seine Liebe zu erkaufen.

Es gibt Hundehalter, die immer etwas Essbares für ihren Liebling dabeihaben. Wozu? Um sich inter-
essant zu machen? Um den Hund zu etwas zu überreden, das er freiwillig nicht mit ihnen macht? Um ihn immer satt zu wissen?
Menschen, die ihrem Hund ständig etwas zustecken müssen oder ihn dick füttern, zeigen damit stets, dass ihre Bindung zu ihm (noch) nicht gefestigt ist. Denn sie versuchen offensichtlich, sich bei ihm ein-
zuschleimen oder ihn zur Orientierung an sie bzw. zur Kooperation mit ihnen zu überreden. Vor allem „Omas" und „Opas" von „Hundeenkeln" sind sehr anfällig für ein solches Verhalten. Gern verteidigt von den Worten: „Aber es schmeckt ihm doch so!"

Heben Sie ihn in den Himmel.

Der einfachste Weg, den Respekt seines Hundes zu verlieren, ist jener, ihn bedingungslos zu vergöttern. Wenn Sie also gern hätten, dass Ihr Hund Sie nicht mehr ernst nimmt, schränken Sie ihn nicht in seiner Persönlichkeit ein, setzen Sie ihm keine Grenzen, geben Sie ihm keine Anweisungen und seien Sie ihm kein Vorbild. Lassen Sie ihm stattdessen nur Liebe und Verehrung angedeihen und offerieren Sie ihm Ihre Dienste als stets bereiter Butler, der ihm jeden Wunsch von den Augen abliest.

Schenken Sie ihm den ganzen Tag über Aufmerksamkeit.

Ein ständiges Anschauen, Anreden und An-sich-Drücken des Hundes sorgt überraschend schnell dafür, dass Ihr Hund Sie satthat.

Heben Sie ihn möglichst oft hoch.

Leider eine Bürde, die vermehrt kleine Hunde ertragen müssen: regelmäßig geschnappt und hochgehoben zu werden. Hunde sind keine Fans des freien Flugs, egal ob nach oben oder unten. Ihrem Menschen zuliebe lassen sie sich zwar viel gefallen, doch gut finden sie das nicht. Sie werden dadurch nicht nur schreckhafter und reaktiver, sondern auch in ihren hundlichen Bedürfnissen missachtet.

Muten Sie ihm keinerlei Stress zu.

Stress gehört zum Leben dazu, ist ein wichtiger Faktor des Lernens und ist oftmals sogar wünschenswert (Kotrschal 2014, Hallgren 2013, Feddersen-Petersen 2008 und 2004). Oder hatten Sie bei Ihrer ersten Fahrstunde bzw. an Ihrem ersten Schultag keinen Stress? Stress bereitet den Organismus in neuen oder zweifelhaften Situationen darauf vor, dass auch etwas schiefgehen könnte, und wappnet vor möglichen Gefahren. Das Erlernen von erfolgreichen Bewältigungsstrategien für die jeweilige Situation lässt die Stressreaktion des Körpers dabei immer unwichtiger werden, denn Erfahrungen und Verhaltensweisen können vom Hund aktiv so eingesetzt werden, dass die Situation mit immer weniger „Aufwand" gemeistert werden kann.

Natürlich gibt es „guten" und „schlechten" Stress. Vor allem Langzeitstressbelastungen können sich schädlich auf den Hund auswirken. Doch dem Hund jegliche Form von Stress zu ersparen, heißt auch, mit ihm nie gemeinsam Herausforderungen zu meistern, ihn nie über sich hinauswachsen zu lassen und ihm keine Erfolge durch das eigenständige

Hunde dürfen ruhig auch mal im Mittelpunkt stehen. Doch ständig der Mittelpunkt im Leben seines Menschen zu sein, tut keinem Hund gut.

Lösen solcher Situationen zu gönnen. Und ihn dadurch keineswegs zu schützen, sondern ihm, im Gegenteil, nicht zu helfen, mit diesen Situationen umgehen zu lernen. Denn die aktive Auseinandersetzung und Kontrolle mit einer stressenden Situation und die darauffolgende Entspannung durch das Erlernen einer Bewältigungstaktik sowie die soziale Unterstützung des Menschen sind die maßgebenden Faktoren, die zur Umbewertung einer solchen Situation führen. So kann auch Langzeitstress vermieden werden.

Ersparen Sie Ihm das Erlernen von sozialen Konventionen.

Um Ihrem Hund nur ja keine Anhaltspunkte zu geben, wie man sich in der menschlichen Welt zurechtfindet, ersparen Sie ihm am besten jegliche Einführung in deren Regeln und Normen. Praktizieren Sie den „Laissez-faire"-Stil, bei dem der Hund alles selbst entscheiden kann, und zeigen Sie ihm keinerlei Regeln, Vorgaben oder Grenzen auf. Weisen Sie ihn nie zurecht, unterbrechen Sie ihn nie in unerwünschten Verhaltensweisen oder zeigen Sie ihm keine Konsequenzen

Nur wer lernt, mit stressigen Situationen umzugehen und die Do's und Dont's des Lebens als Hund anzunehmen, kann dieses auch souverän und entspannt genießen.

für sein Tun auf, sondern ignorieren Sie stattdessen einfach jegliches unerwünschtes Verhalten konsequent. Wenn also der Hund immer auf sich gestellt ist, keinerlei Hilfestellung bekommt und nie „Reibung" entsteht, kann er sich nicht anpassen, dadurch kein Gefühl der Sicherheit entwickeln, seinen Halter nicht als Vorbild sehen und sich ihm nicht anschließen.

Misshandeln, schlagen oder quälen Sie Ihren Hund.

Sie könnten das Sicherheitsempfinden Ihres Hundes gegen null setzen, indem Sie ihn unverhältnismäßig hart behandeln, unvorhersehbar bestrafen oder sogar schlagen bzw. quälen.

Schließen Sie Ihren Hund aus Ihrem Leben aus.

Sie müssten Ihren Hund fernab jeglichen Kontakts, körperlicher oder seelischer Zuwendung und sozialer Integration halten. Sie könnten ihn aber auch vernachlässigen, ihm kein stabiles Lebensumfeld bieten oder ihm das Gefühl geben, in Ihrem Leben keinen Platz zu haben.

Verwehren Sie ihm den Kontakt zu Artgenossen.

Ob aus Sorge um seine körperliche Unversehrtheit, durch Ängste, Hilflosigkeit, falsche Beratung oder auch nur, um die Nr. 1 im Leben Ihres Hundes zu bleiben: Wenn Sie ihm aus egoistischen Gründen den Umgang und Austausch mit Artgenossen verwehren, nehmen Sie Ihrem Hund die Möglichkeit, eine Beziehung zu ihnen aufzubauen. Diese Beziehung würde auch bewirken, dass sich Ihr Hund enger an Sie bindet.

Schleifen Sie ihn an der Leine hinter sich her (oder umgekehrt: er Sie).

Wenn ein Ende der Leine das andere (außerhalb des Zughundesports) stets hinter sich herzieht, ohne Rücksicht auf dessen Befindlichkeiten und Bedürfnisse zu nehmen, ist das dem gemeinsamen

1–2
Vorsicht: Hunde in die Natur zu setzen könnte sie glücklich machen.

Leicht ist es nicht. Man muss sich schon anstrengen, um bei seinen Hunden unten durch zu sein.

Erlebnis (und damit einem wichtigen Aspekt in der Beziehungsfindung) nicht gerade zuträglich.

Sorgen Sie dafür, dass Ihr Hund Sie einschränken und Ihnen Ihren Alltag wie Ihre Sozialkontakte diktieren muss.

Fehlt es einem Hund an Führung und der Möglichkeit zur Orientierung an seinem Menschen, hat er oftmals das Gefühl, das Leben seines Menschen regeln oder ihm vorschreiben zu müssen (oder zu dürfen), was dieser tun und mit wem er sich austauschen bzw. wer dessen Territorium betreten darf. So steht einer suboptimalen Beziehung zwischen beiden nichts mehr im Weg.

Halten Sie Ihren Hund fern von wichtigen hundlichen Beschäftigungs-möglichkeiten.

Wenn Sie keine Rücksicht auf Ihren Hund und seine Bedürfnisse nehmen, sich nicht über ihn und seine Lebensweise informieren, ihm aus diesem Grund auch keine Möglichkeit zum Schnuppern, zum Laufen oder zur rassespezifischen Beschäftigung bieten (etwa einen Cattle Dog in einer kleinen Stadtwohnung mit einem zehnminütigen Spaziergang an kurzer Leine halten), Ihren Hund also nicht aus Tierliebe und Rücksicht auf seine Bedürfnisse halten, sondern aus purem Egoismus, dann ist der Grundstein für ein unglückliches Hundeleben gelegt.

SCHLAUMEIER

Mit ihrer Beobachtungsgabe und ihrer Anpassung haben unsere
Hunde uns oft schneller um den Finger gewickelt, als uns lieb ist.

Die größten Fallen
der Hundehaltung

Man hat den eigenen Hund meist heiß ersehnt, liebt ihn über alles und möchte für ihn nur das Beste. In welche Fallen man als Hundehalter dadurch jedoch schneller tappen kann, als einem lieb ist, zeigen die folgenden Zeilen.

DIE AUGENSCHMAUSFALLE

Die nur allzu oft vorherrschende Meinung: Ein optisch ansprechender Hund muss auch lieb sein – er sieht ja schon so lieb aus. Meine Kundenkartei spricht hierzu Bände. Denn: auch wenn Sie bisher nur freundliche und aufgeschlossene Golden Retriever kennen, ist vielleicht der, der Ihnen gerade gegenübersteht, ein Exemplar mit besonders hoher Aggressionsbereitschaft. Der große, massige Mastiffmischling ist auf den ersten Blick möglicherweise ein wenig eindrucksvoller als der kleine Sheltie, aber wer sagt, dass er nicht wesentlich gelassener und verträglicher ist?
Gerade in Zeiten, in denen die oftmals unsachgemäße Vervielfältigung von Moderassen zum Thema geworden ist, kann man sich auf vorgefertigte Bilder und das daraus resultierende „Kopfkino" nicht mehr verlassen. Geben Sie daher jedem Hund individuell eine Chance, seine Charakterstärken und Talente zu zeigen, abseits von Klischees, Vorurteilen oder Rasseverunglimpfungen.

DIE ERWARTUNGSFALLE

Der kleine Schäferhundwelpe ist noch kein Kommissar Rex, der junge Collie noch keine Lassie. Beurteilen Sie Hunde nach dem, was sie sind und was sie möglicherweise werden können, und lassen Sie sich nicht von Vorbildern und falschen Erwartungen leiten. Auch wenn all Ihre vorherigen Hunde so oder so waren und dieses und jenes konnten, ist nicht gesagt, das auch dieses Individuum denselben Anforderungen entspricht.
Denn Ihr Hund ist das, was er an genetischen Veranlagungen und Erfahrungen mitbringt, und wird zu dem, den Sie daraus machen.

DIE VERMENSCHLICHUNGSFALLE

Einem Hund, der sich vor etwas fürchtet, nicht überschwänglich zuzureden und ihn mit Worten zu trösten, erscheint uns als unmenschlich. Er braucht doch Zuspruch, muss wissen, dass ihm nichts passiert, und man an seiner Seite ist. Weit gefehlt. Denn so bestätigt man ihn nur noch mehr in seiner Unsicherheit. Besser ist, ihm

Hunde müssen nicht im Bett schlafen. Sie haben aber auch nichts dagegen.

Sie machen es einem aber auch wirklich nicht leicht: Perfekt an uns angepasst, in unseren Alltag integriert und in das Zusammenleben mit uns eingefügt, lassen unsere Hunde uns nur allzu gern zu Gedankengängen der Vermenschlichung hinreißen. So sitzen sie nicht selten auf Bänken, werden in Taschen getragen oder müssen als Ersatz für fehlende Partner oder Enkel herhalten. Oft sprechen Hundehalter auch über ihre Vierbeiner wie über ihre Kinder. Wenn z. B. der Ehemann vom Morgenspaziergang mit Hund nach Hause kommt, folgt gern als Begrüßung seiner Frau (anstatt eines Hallos) ein: „Und? Hat er ein Häufchen gemacht?" Worauf die stolze Antwort des Mannes folgt: „Sogar drei!"

Doch was ist schon dabei, den Hund als vollwertiges Familienmitglied zu betrachten? Eigentlich nichts. Solange man nicht den Hund als Hund aus den Augen verliert, seine Bedürfnisse und Motivationen falsch bzw. als menschlich auslegt und ihm so die Möglichkeit nimmt, er selbst zu bleiben. Denn ab dem Moment, wenn man als Halter seinem Hund Menschlichkeit aufzwingt und ihn so in eine Rolle steckt (z. B. die des Partnerersatzes, Kindes oder Enkels), die er nicht spielen will und auch nicht spielen kann, ist diese Grenze überschritten. Oder könnten Sie jemals glücklich werden, wenn Sie ab sofort als Hund leben müssten? Bleiben Sie also bei allem, was Sie von Ihrem Hund fordern bzw. worin Sie ihn unterstützen und fördern möchten, auf seine Bedürfnisse als Hund fokussiert und versuchen Sie nicht, ihn mit menschlichen Maßstäben zu messen, auch wenn es noch so schwerfällt. Vor allem in der Hundeerziehung heißt das, auch einmal über seinen eigenen Kommunikationsschatten zu springen und so seinem Hund ein Vorbild zu sein, das er auch verstehen kann.

eine sichere Anlaufstelle zu bieten und ihm zu zeigen, wie er die Situation lösen kann. Einen dauerkläffenden Hund anzubrüllen, er solle doch endlich damit aufhören, denn es würden ja schon alle herschauen, ist ebenso sinnlos. Nicht nur, dass er oftmals WILL, dass alle herschauen, er fühlt sich durch das Mitbellen seines Menschen dahingehend auch noch angespornt. Besser ist, ihn fachgerecht zu unterbrechen und ruhiges Verhalten entsprechend anzuerkennen.

Gerade weil Hunde in so engem psychischen und physischen Kontakt zu uns Menschen stehen, verlieren wir gern IHRE Sicht der Dinge aus den Augen. Wir machen das, was uns in dieser Situation helfen würde, und damit einen der größten Fehler in der Hundeerziehung: Wir vermenschlichen sie. Wir interpretieren das Verhalten unseres Hundes so, wie WIR es sehen möchten. Diese Interpretation ist aber leider nur allzu oft weit von der ursprünglichen „Aussage" des Hundeverhaltens entfernt.

DIE ÜBERBEWERTUNGSFALLE

Nicht jeder Hund, der eine Anweisung nicht sofort befolgt, ist aufsässig, nicht jeder, der einmal knurrt, gleich aggressiv. Auch wenn Ihr Hund Ihnen einmal seine Pfote auf den Fuß stellt, ist die gute Beziehung zwischen Ihnen beiden noch nicht dahin. Versuchen Sie, die unerwünschten Verhaltensweisen immer in dem Kontext zu sehen, in dem sie auftreten (wann und in welcher Situation zeigt er dieses Verhalten wie oft?) und hinterfragen Sie sein Tun. Überlegen Sie im Zweifelsfall, ob Sie sich das auch von einem Menschen bieten lassen würden, und lassen Sie, wenn es angebracht ist, auch hin und wieder einmal Fünfe grade sein.

DIE UNTERBEWERTUNGSFALLE

Das Gegenteil des vorigen Punktes ist das, oft aus Unwissenheit, mangelndem Veränderungswillen oder Hilflosigkeit resultierende Verharmlosen oder Ignorieren von Verhaltensweisen. Ein Hund, der jedes Mal beim Ausführen einer Übung die Pfote auf den Fuß seines Menschen stellt, ist nicht lustig, sondern schränkt ihn damit in seiner Bewegung ein (ich nenne das gern die „Protestpfote"). Ein Hund, der über die Fahrdauer hinweg den gesamten Zugwaggon zusammenbellt, ist nicht fröhlich, sondern unbeherrscht. Ein Hund, der seinen Menschen an der Leine hinter sich herschleift, hat es nicht eilig, sondern schlichtweg keinen Respekt vor ihm.

Die besten Muntermacher am Morgen: ein heißer Kaffee und eine kalte Hundeschnauze.

Ein für den Hund erfolgreiches Verhalten geht nicht von allein weg. Und wäre es für ihn nicht erfolgreich bzw. hätte er einen besseren Lösungsweg, würde er es nicht ausführen. Man muss als Mensch also den Willen haben, Verhalten als das zu erkennen, was es tatsächlich aussagen soll, und nicht als das, was wir gern darin sehen möchten (etwa, dem deeskalierenden Hund ein „schlechtes Gewissen" zu unterstellen). Und man muss die Verantwortung übernehmen, es so zu verändern, dass der Hund möglichst stressfrei und gut sozialisiert durchs Leben laufen kann.

Ignorieren Sie unerwünschte Verhaltensweisen Ihres Hundes also nicht, sondern unterbrechen und beeinflussen Sie sie so, dass Ihr Hund einen Lösungsansatz für künftige Situationen mitnehmen kann. Fragen Sie sich im Zweifelsfall auch hier, ob Sie sich dieses Verhalten auch von einem Menschen gefallen lassen würden (wenn ich Sie nun z. B. zur Begrüßung anspringen würde, wie würde es Ihnen dann gehen?) und verweisen Sie Ihren Hund in die von Ihnen vorgegebenen Schranken. So bleiben Sie für ihn respektabel und glaubwürdig.

DIE HUNDEPROFIFALLE

Geht man mit seinem Hund spazieren, ist man plötzlich nur noch von Hundeprofis umgeben. Alle wissen alles besser, selbst Nichthundehalter fühlen sich zu Erziehungsratschlägen bemüßigt, sogar tierschutzrelevante Mittel wie Korallenhalsbänder oder Schlaufenmaulkörbe werden bereitwillig und ohne zu hinterfragen weiterempfohlen und uralte, mittlerweile mehrfach als unrichtig widerlegte Meinungen (z. B. Ballspiel sei eine optimale Auslastung für den Hund) als Wahrheiten weitergegeben.

Woher solche Gerüchte kommen, ist meist nicht nachvollziehbar. Warum einige Hundehalter durch deren vehemente Verbreitung aber als Experten durchgehen, ist umso schleierhafter.

Glauben Sie daher bitte nicht alles, was Sie in Hundeausläufen oder auf Spaziergängen hören, und hinterfragen Sie jede Information kritisch und mit gesundem Menschenverstand. Geben Sie selbst nur Informationen weiter, von deren Richtigkeit Sie hundertprozentig überzeugt sind, und prüfen Sie solche Berichte immer auf ihren Wahrheitsgehalt. Doch bitte nicht im Internet. Denn Gleiches gilt auch dort für sämtliche Beiträge und Foren.

DIE AUFMERKSAMKEITSFALLE

Er ist ja so ein Lieber. Und dann schaut er auch noch so seelenvoll. Und dieses weiche Fell …

Hunde haben uns Menschen ganz gut im Griff. Ein bisschen wedeln, ein paar Fältchen auf die Stirn gezaubert und die Pfote noch ein klein wenig gehoben, und schon ist der Besitzanspruch für die zweite Hälfte des Wurstbrots geklärt. Ein wenig geblödelt, sich gestreckt und angedrückt, und schon sitzt sein Mensch auf den letzten Zentimetern der Couch, während der Hund sich über ihre gesamte Länge fläzt.

Unsere Hunde wissen recht gut, wie sie sich das Leben mit uns so einrichten können, dass es ihnen zum maximalen Vorteil gereicht. Sie beobachten, studieren und analysieren uns, testen in vielen kleinen Feldstudien den schnellsten Weg zum Ziel ihrer Wünsche und schreiben sich diese Erkenntnisse sofort hinter ihre großen Ohren. Und dort ist viel Platz für Zusätze und vertiefende Kommentare. Das führt dazu, dass wir mit ihnen oft besser kooperieren als sie mit uns. Lesen Sie Ihrem Hund also nicht jeden Wunsch von den Augen ab, machen Sie sich auch einmal rar und lassen Sie ihn sich Ihre Aufmerksamkeit verdienen. So bleibt er mit seinen Analysen noch ein wenig länger beschäftigt und sein Mensch für ihn wichtig.

Außerdem braucht Ihr Hund diese für ihn so wichtige Freizeit von seinem Menschen, die er nur genießen kann, wenn er auch mal unbeobachtet ist.

DIE NETTIGKEITSFALLE

Zu seinem Hund nett zu sein, ist wichtig und eine schöne Sache. Doch NUR nett zu ihm zu sein, bringt meist nichts Gutes hervor. Ausschließlich nett erzogene Hunde sind selbst oft nicht besonders nett.

> **»Ich dachte, wenn ich immer lieb zu ihm bin, ist er auch lieb zu mir ...«**
>
> **Aussage einer weinenden Kundin**

Denn Hunde wollen wissen, woran sie sind, wollen sich reiben und messen, ihre Grenzen ausloten und diese kennenlernen. Sich stets mit ihnen auf Augenhöhe zu bewegen und ihnen NUR entgegenzukommen, ist daher nicht möglich, wenn man Verantwortung übernehmen und sich als zuverlässiger Partner fürs Leben bewähren will.

Auch wenn es bei diesem Anblick schwer zu glauben ist: Hunde sind nicht immer nur lieb und brav.

DIE VERNIEDLICHUNGSFALLE

Kleine und junge Hunde tragen eine schwere Bürde: Sie wirken auf uns meist unglaublich süß. Die schlimmste Kombination ist dabei wohl jene aus jungen kleinen Hunden. Von allen begrapscht, hochgehoben, geherzt und in diverse Taschen gesteckt, haben Sie wenig Gelegenheit zur Wahrung ihrer Individualdistanz, ihres Willens und ihrer hundlichen Würde. Sie werden nicht selten respektlos behandelt, werden ohne Vorwarnung hochgehoben oder unter den Arm geklemmt und nur selten ernst genommen.

Das erklärt auch, warum viele kleine Hunde so „giftig" wirken: Sie müssen ihre Individualdistanz und ihre Rechte durch vehementes Verhalten einfordern, sonst werden sie nicht gehört.

Kleine Hunde brauchen genauso viel Respekt wie große. Sie brauchen genauso viel Ruhe, genauso viel Auslauf, dieselbe Behandlung und genauso viel Erziehung wie sie und dürfen nicht als Spielzeug oder Accessoire verkommen. Sie müssen ernst genommen und geachtet oder kurz: wie ganz normale Hunde behandelt werden. Nur dann können sie sich zu glücklichen und gefestigten Begleitern entwickeln.

DIE UNTERBESCHÄFTIGUNGS-FALLE

Hat man sich einen Hund aus den falschen Gründen ausgewählt oder kennt man seine Bedürfnisse vielleicht gar nicht, ist es sehr wahrscheinlich, dass dieser sich über kurz oder lang langweilt. Und was machen die meisten Hunde, wenn sie sich langweilen? Richtig: Sie lassen sich etwas einfallen. Meistens nichts Gutes. Suchen Sie daher artgerechte und sinnvolle Beschäftigungsmöglichkeiten für Ihren Hund, die ihn fordern und erfüllen und geben Sie ihm Aufgaben, die er erledigen darf (siehe Seite 189). Das schafft Selbstbewusstsein, Vorhersehbarkeit und Zufriedenheit.

Beschäftigung und Auslastung sind wichtig. Übertreibt man es damit aber, oder baut sie falsch auf, führt das nur zu Stress und übersteigerten Emotionen.

DIE ÜBERBESCHÄFTIGUNGS-FALLE

Langsam zeichnet sich aber auch der Trend zur Gegenbewegung ab: Vor allem verantwortungsvolle Hundehalter tappen schnell in die Falle der Überbeschäftigung. Nicht nur, dass Sie sich selbst regelrecht zwischen Arbeit und der Auslastung ihres Hundes zerreißen, um ihm möglichst viel Auslauf und Beschäftigung bieten zu können, immer mehr Hunde haben einen so vollen Terminkalender, dass für Freizeit kaum mehr Raum bleibt: montags Agility, dienstags Hundeplatz, mittwochs Flyball, donnerstags Mantrailing, freitags Hundeplatz und am Wochenende dann diverse Termine und Babysitting für die Kinder. Oftmals gibt es davor, dazwischen und danach auch noch stundenlange Spaziergänge oder Radtouren. Uff!

Das Ergebnis ist meist dasselbe wie bei Menschen unter ähnlichen Belastungen: mehr oder weniger große Unruhe und eine völlig überzogene Reaktivität. Hunde, die die Wahl haben, liegen verhältnismäßig viel herum, schlafen, beobachten und genießen ihre ruhigen Momente. Selbstverständlich ist es wichtig, dass Hunde ausgelastet und beschäftigt sind, doch nicht selten verstehen Mensch und Hund hierunter etwas ganz anderes. Besinnen Sie sich also auf die Ruhephasen Ihres Hundes mindestens ebenso wie auf seine Aktivitätsphasen, und seien Sie versichert, dass Hunde es aushalten, wenn sie einmal berufsbedingt zu kurz kommen. Solange an anderer Stelle z. B. wieder ein längerer Waldspaziergang für sie herausspringt, ist alles gut.

DIE GRATISFALLE

Muss ein Hund sich im Zusammenleben
mit seinem Menschen nichts, aber auch
gar nichts verdienen, wird er es bald
unterlassen, eine Kooperation mit ihm
einzugehen. Die Anwesenheit seines
Menschen hat für solche Hunde geringere
Wertigkeit als für Hunde von Haltern,
die ihnen Aufgaben und Regeln vorgeben, die sie erfüllen müssen. Sie lernen,

Menschen in einer untergeordneten
Rolle wahrzunehmen, und blenden nicht
nur ihren Halter, sondern auch andere
Menschen schnell aus. Beschäftigung
und Entertainment suchen sich solche
Hunde meist fernab ihrer Halter, indem
sie sie einfach am Wegesrand stehen
lassen, um zu Freunden zu eilen oder
stoisch ihre Wünsche und Motivationen
zu realisieren.

DIE PAUSCHALISIERUNGSFALLE

IMMER wenn …, dann … (Immer, wenn Hunde mit der Rute wedeln, freuen sie sich; immer, wenn Hunde bellen, beißen sie nicht; immer, wenn sie zittern, fürchten sie sich; usw.)

Die einzige Pauschalisierung, die in diesem Zusammenhang richtig ist, ist die folgende: Immer wenn man einzelne Gegebenheiten als Fakten annimmt, erhöht sich die Wahrscheinlichkeit, Hundeverhalten falsch zu interpretieren und damit auch falsch darauf zu reagieren.

DIE ENTSCHULDIGUNGSFALLE

Haben Sie schon einmal einen der folgenden Begleitsätze zu unerzogenen Hunden gehört: „Er hat mich wohl gerade nicht gehört …", „… das macht er sonst nie!", „Eigentlich macht er es immer, aber vermutlich war gerade …", „Der muss ihn provoziert haben, denn sonst würde er nie …"

Man kennt das. Hundehalter versuchen nur allzu gern, ihren geliebten Vierbeiner auch nach außen hin so zu präsentieren, wie sie ihn sehen. Und sich damit das Verhalten ihres Hundes schönzureden. Doch die Wahrheit blitzt gut sichtbar hervor: Der Hund folgt ihnen einfach nicht. Wenn ein Hund sich z. B. unverhältnismäßig gebärdend hysterisch in die Leine schmeißt, nur weil er am anderen Ende des Gehwegs einen Artgenossen erblickt, kann man so viele Entschuldigungen finden, wie man will. Fakt ist, dass dieser Hund gerade auf seinen Halter pfeift und die Beziehung zwischen beiden nicht annähernd gut genug ist, als dass der Halter seinen Hund davon abbringen könnte. Er lässt sein Herrchen bzw. Frauchen schlichtweg links liegen, um sich so richtig in das zu vertiefen, was er gerade möchte: nämlich Ärger. Da gibt es nichts zu beschönigen. Dabei werden auch gern einmal beim Halter Schulter-

gelenke ausgekugelt, Bänder gezerrt oder teils schwere Stürze in Kauf genommen. Hat das noch mit Liebe und Beziehung zu tun? Wohl kaum. Und warum will ein Ende der Leine das andere dann trotzdem noch als idealen Partner verkaufen?

DIE VERWECHSLUNGSFALLE

Hundeerziehung und Hundetraining sind zwei unterschiedliche Themen: Das eine zielt auf das Erreichen von sozialen Erziehungszielen ab, das andere auf formale und ist daher eher als eine „Dressur" zu sehen. Nicht selten ist diese mit der Verknüpfung eines Ortes gekoppelt, sodass viele Hunde zwar dort bestens abrufbar und sozial verträglich sind, im wahren Leben aber ihr gutes Benehmen wieder vergessen zu haben scheinen (ich nenne das gern den „Hundeplatz-Effekt").

Das alleinige Üben von Verhaltensweisen an nur einem Platz kann die Erziehung des Hundes nicht ersetzen. Daher kann kein Hundetraining Ihnen helfen, wenn Sie die erlernten Verhaltensweisen nicht in möglichst vielen Situationen üben, also generalisieren und in den Alltag einfließen lassen.

DIE VERSACHLICHUNGSFALLE

Sobald der Hund zur Geldmaschine, zum Marketingsujet oder zum Wettbewerbsobjekt wird, endet die natürliche Mensch-Hund-Beziehung. Der Hund ist dann oft nur noch so viel wert wie das Geld, die Preise oder die Außenwirkung, die er einbringt. Dies gilt übrigens auch für jene, die ihre Hunde gern „arm" und „krank" machen, um sich die Aufmerksamkeit ihrer Umwelt zu sichern (Münchhausen-Stellvertreter-Syndrom). Tritt der erwünschte Effekt nicht mehr ein, werden diese Hunde meist entsorgt. Mit Tierliebe hat all das lange nichts mehr zu tun.

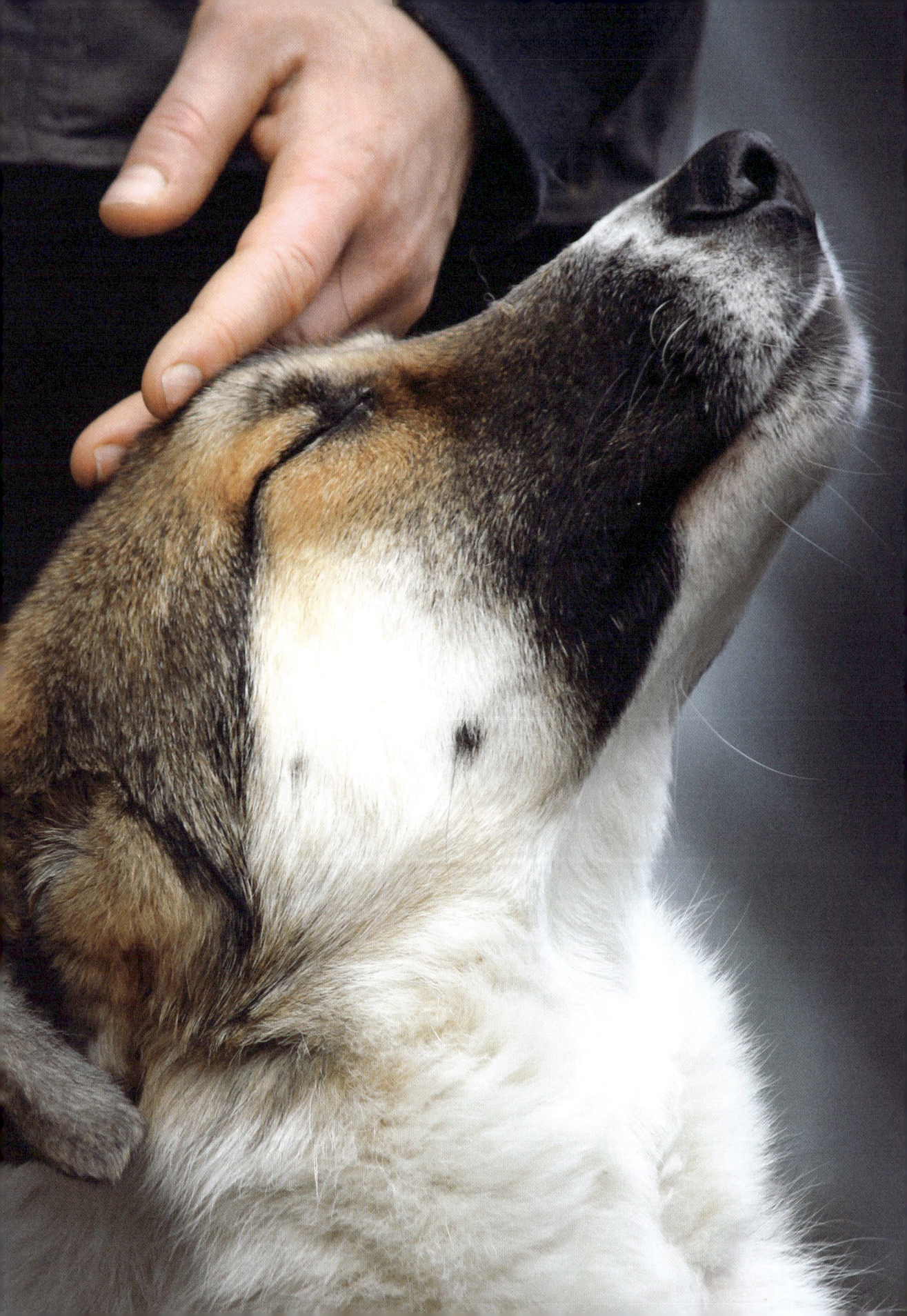

Kriterien einer Freundschaft

Betrachten wir, was wir selbst von unseren Freunden erwarten, bekommen wir auch Einblicke in die Funktionsweise einer Freundschaft zwischen Mensch und Hund. Denn die Anforderungen an eine Freundschaft sind sich bei beiden sehr ähnlich. Was brauchen wir also, damit eine echte Freundschaft entstehen kann?

ÄHNLICHE INTERESSEN UND EINSTELLUNGEN

Einstellungen zum Leben, Hobbys, Interessen oder etwa auch politische bzw. religiöse Gesinnungen lassen Freundschaften insofern entstehen, als man sich dadurch oft erst kennenlernt. Diese Faktoren müssen aber auch langfristig korrelieren, damit Ähnlichkeiten und Gemeinsamkeiten gelebt werden können. Wer mit seinen Freunden nichts gemeinsam hat, wird mit ihnen nur wenige Möglichkeiten finden, Spaß an gemeinsamen Unternehmungen zu haben. Daher ist es auch so wichtig, bei der Auswahl des Hundes die wahren Gründe der Anschaffung nicht aus den Augen zu verlieren und sich nicht von Modeströmungen leiten oder dem äußeren Erscheinungsbild des Hundes verführen zu lassen. Ein Alaskan Husky kann bei einem älteren, gebrechlichen Herrn kaum glücklich werden, ein Mensch, der seinen Hund zum Marathontraining mitnehmen möchte, wird in einer Englischen Bulldogge wohl kaum den richtigen Partner dafür finden. Es ist also vor allem in puncto Erwartungshaltung und „Lebbarkeit" der gemeinsamen Freundschaft wichtig, dass Sie sich einen vierbeinigen Partner suchen, mit dem Sie auch langfristig gern diesen Weg beschreiten.

VERLÄSSLICHKEIT

Verlässlichkeit ist in einer Freundschaft unumgänglich. Füreinander da zu sein, wenn der andere einen braucht, nicht ausgebootet oder im Stich gelassen zu werden und sich gegenseitig in Freuden- wie in Leidenszeiten zu unterstützen, lässt ein Gefühl des Miteinanders und der Zusammengehörigkeit entstehen. Man ist nicht allein. Man hat jemanden an seiner Seite, mit dem man gute und schlechte Zeiten teilen kann, bei dem man sich geborgen fühlt und dem es wichtig ist, dass es einem gut geht.
Auch Ihr Hund will darauf vertrauen können, dass Sie für ihn da sind und da sein werden, dass Sie ihm helfen, ihn unterstützen und nicht im Stich lassen, wenn er einmal unbequem wird.

Hunde sind uns Menschen in vielem ähnlich. Das gilt auch für ihre Vorstellung von einer Freundschaft mit uns.

EINE RUHIGE KOMMUNIKATION

Ein freundschaftliches Miteinander zeichnet sich über eine ruhige, klare Kommunikation aus. Natürlich albert man miteinander und kann dabei durchaus auch laut werden, in Konfliktsituationen lässt man das Herumbrüllen aber besser sein.

Auch wenn wir mit unseren Hunden nicht im gleichen Ausmaß reden können (oder sollten) wie mit Menschen, so macht auch hier der Ton die Musik.

Eine ruhige und ehrliche Kommunikation sorgt für eine ruhige und ehrliche Kooperation.

Ein ständiges Anbrüllen des Hundes lässt ihn nur seine Ohren immer mehr verschließen. Auch muss man mit Hunden, selbst wenn sie noch so klein gewachsen sind, nicht fiepend in Babysprache sprechen – man darf ihnen getrost den Respekt entgegenbringen, den sie verdienen.

EHRLICHKEIT

Unehrlichkeit ist einer der größten Beziehungskiller. Weiß ich, dass mein Gegenüber mir Dinge verschweigt, hinter meinem Rücken schlecht über mich redet oder mir Sachverhalte so erklärt, dass ich sie nicht verstehen kann, und sich später verärgert über meine Dummheit äußert, ist das Vertrauen und damit der Grundstein einer Freundschaft dahin. Eine ehrliche, also zielgerichtete Kommunikation mit dem Hund ist daher ebenso wichtig für eine Freundschaft zwischen Hund und Mensch wie die Tatsache, dass man den Hund nicht zu seinem persönlichen Amusement hinters Licht führt. Das schafft Sicherheit und Vertrauen.

RESPEKT

Respekt vor dem Gegenüber, vor seinen Fähigkeiten, seinen Wünschen und seiner Persönlichkeit ist unumgänglich für eine Freundschaft. Wer sich nicht respektiert, ist meist auch nicht ehrlich zueinander. Oder es entsteht, wenn der Respekt nicht auf Gegenseitigkeit beruht, schnell eine Situation, in der einer nur gibt und der andere nur nimmt. Der Respekt vor dem Gegenüber hat außerdem viel mit der Akzeptanz seiner Grenzen zu tun.

Auch in der Freundschaft mit unseren Hunden sollten wir den Respekt vor ihnen, ihren Leistungen und Grenzen nicht verlieren. Ebenso wichtig ist aber, dass unser vierbeiniges Gegenüber diesen Respekt auch erwidert. Und diesen muss man sich erst verdienen.

VERSTÄNDNIS

Ein Verständnis für die Befindlichkeiten, Wünsche, Stärken und Schwächen unseres Gegenübers zeugt von Empathie und Rücksichtnahme. Ich nehme dich, so wie du bist, auch wenn es nicht immer leichtfällt.

Dieses Verständnis benötigt man gerade im Zusammenleben mit seinem Hund, also einem Individuum einer anderen Art. Die Verschiedenartigkeit in der Wahrnehmung, der Kommunikation und auch in der Auffassung macht ein Einfühlen des Menschen in die Welt seines Hundes entscheidend für ein freundschaftliches Miteinander. Nur so kann der Hund verstehen und sich auch verstanden fühlen.

UNTERSTÜTZUNG

Wer Hilfe bekommt, wenn er sie braucht, fühlt sich gut aufgehoben und wird sich auch in Zukunft trauen, sie zu erfragen. Wer also Hilfe und Unterstützung anbietet

Wenn wir unseren Hunden mit Respekt, Freundschaft und Verständnis begegnen, bekommen wir viel zurück.

und gibt, der darf sich auch sicher sein, künftig darum gebeten zu werden. Auch von seinem Hund. Beistand zu bekommen, wenn man ihn braucht, erzeugt außerdem ein Gefühl der Sicherheit, der Stärke und Zusammengehörigkeit. Unseren Hunden geht es da nicht anders.
Geben Sie Ihrem Hund diese Unterstützung, wann immer er sie braucht, lassen Sie ihn in zweifelhaften Situationen nicht im Stich, sondern helfen Sie ihm, diese angemessen zu meistern, und gehen Sie notfalls mit gutem Beispiel voran.

KRITIK

Gute Freunde sind nicht immer einer Meinung. In echten Freundschaften darf man sich auch einmal sagen, wenn etwas nicht passt oder etwas keine so gute Idee war, ohne dass gleich das harmonische Miteinander auf der Kippe steht. Wer immer nur alles toll findet, was sein Gegenüber macht, dessen Lob verliert schnell an Wertigkeit.

»Hunde machen das Leben vielleicht nicht unbedingt besser, aber definitiv schöner!«

Dies gilt auch für die Freundschaft mit unseren Hunden. Ehrlich, zielgerichtet und verständnisvoll zu kritisieren und zu korrigieren ist im Zusammenleben mit ihnen und im Zusammenhang mit der Funktion als Erziehungsberechtigter, die man ihnen gegenüber hat, besonders wichtig.

SPASS UND GEMEINSAME ERLEBNISSE

Wer viel Schönes miteinander erlebt, der hat auch viele glückliche Momente zu teilen. Das gilt besonders für das Zusammenleben mit unseren Hunden. Gemeinsame Unternehmungen, Erfolge und besondere Erlebnisse, die man miteinander genießen und durchleben durfte, heben nicht nur die Stimmung und das Zusammengehörigkeitsgefühl, sie schweißen regelrecht aneinander. Selbiges gilt für gemeinsames Blödeln, Rangeln und Spaß haben.
Worauf kommt es also in einer Freundschaft an, egal ob in einer zwischenmenschlichen oder einer zwischen Mensch und Hund? Kurz gesagt: darauf, sich gut aufgehoben, verbunden und verstanden zu fühlen, viele fröhliche und schöne Momente miteinander zu teilen, aber auch ehrlich miteinander umzugehen und angemessen zu kritisieren. Und dadurch auch denselben Respekt bekommen zu können, den man dem Gegenüber entgegenbringt.

GIPFELSTÜRMER

Gemeinsam Höhen zu erklimmen und dort die Seele baumeln
zu lassen, tut nicht nur dem Menschen gut.

Beziehungs-Weise

Erziehungsarbeit ist Beziehungsarbeit. Das eine funktioniert nicht ohne das andere. Hunde können zwar keine Gedanken lesen, doch dafür können sie unser Verhalten interpretieren, wie kaum ein anderer. Sie durchschauen uns also immer, auch wenn wir versuchen, sie vom Gegenteil zu überzeugen.

Sie können zwar unsere nächsten Schritte nicht vorhersagen, ziehen aber aus den Ergebnissen vorangegangener ähnlicher Situationen ihre Schlüsse über das, was wir machen werden (Gansloßer 2015). So scheint es daher manchmal auch, als könnten sie unsere Gedanken lesen, weil sie bereits Dinge vorwegnehmen, die wir noch nicht einmal zu Ende gedacht haben. Hunde sind eben Meister der Beobachtung und der Kombination. Daher hat Hundeerziehung mit Hundetraining auch nur bedingt etwas zu tun. Wie wir uns unseren Hunden gegenüber im Alltag präsentieren, wie wir mit sämtlichen kleinen Situationen des täglichen Miteinanders umgehen, ob wir uns als kompetent in Führungsfragen erweisen oder ob wir Auseinandersetzungen scheuen, entscheidet darüber, ob unser Hund mit uns kooperiert; und nicht das Abspulen von einzelnen Übungen oder Verhaltensweisen im Rahmen eines Hundetrainings. Diese meist 60 gemeinsamen Minuten am Hundeplatz können nämlich nicht über die übrigen 23 Stunden des Tages hinwegtäuschen.

Dieses Verwechseln von formalem und sozialem Lernen ist auch der Grund dafür, dass es so viele top ausgebildete Hunde gibt, die diverse Leistungsprüfungen mit Bravour bestehen, im Alltag aber trotzdem nicht entspannt an anderen Hunden vorbeigehen können.

> »Wer nur an einzelnen Verhaltensweisen seines Hundes herumschraubt, ohne dabei das „große Ganze" des gemeinsamen Alltags zu berücksichtigen, wird damit nicht dauerhaft erfolgreich sein.«

Ein bewusstes
Innehalten in
gemeinsamen
Augenblicken
schafft Zusam-
mengehörigkeit.

»Ein Hund wird zu dem, was sein Mensch aus ihm macht.«

BEZIEHUNGSARBEIT

Arbeit an der Erziehung des Hundes ist also vor allem Arbeit an der Beziehung zueinander. Beziehung heißt, sich kennenzulernen, sich einschätzen zu können, sich zu verstehen und zu vertrauen. Sie entscheidet darüber, ob wir mit jemandem kooperieren möchten oder nicht. Beziehung heißt daher auch, Konflikte anzunehmen und durchzustehen. Denn gerade sie sind es, die ein echtes Kennenlernen, ein wirkliches Einschätzen ermöglichen. Kennen sich Mensch und Hund, wissen sie um ihre jeweiligen Stärken und Schwächen und haben sie die Erfahrung gemacht, sich in Krisenzeiten aufeinander verlassen zu können, können sie einander auch vertrauen: Der Weg zu einer guten Bindung ist geebnet.

Wer also einen wohlerzogenen Hund und keinen Untertan oder ignoranten Mitbewohner möchte, der muss sich wohl oder übel damit auseinandersetzen, mit ihm eine Beziehung aufzubauen. Ihr Glück: Wenn man dabei keine grundlegenden Fehler macht, geht diese Beziehungsfindung sehr schnell.

Tiere arbeiten nur zusammen, wenn eine gewisse Toleranz und Akzeptanz dem Partner gegenüber gegeben ist (Range 2009). Ob Tiere zusammenarbeiten oder nicht, hängt also nicht nur von ihren kognitiven Fähigkeiten ab, sondern kann schon allein durch die Art der sozialen Beziehung beeinflusst werden.

Ihr Hund ist also das, was Sie in diese Beziehung einbringen, und kooperiert mit Ihnen nur dann freiwillig, also ohne Zwang und ohne Bestechung, wenn er die Mensch-Hund-Beziehung auch für wertvoll genug hält.

Ein Hund wird also – immer unter Berücksichtigung des „genetischen Gepäcks", das er mitbringt – das, was sein Mensch bereit ist, aus ihm zu machen. Was aber kann man tun, um eine gute soziale Beziehung und später eine stabile Bindung zu seinem Hund aufzubauen?

Ihm ein stabiles Umfeld bieten

Erweisen Sie sich Ihrem Hund als Bezugsperson und Partner fürs Leben, indem Sie ihn in ebendieses integrieren und ihm ein stabiles, sicheres Zuhause geben, in dem er Ruhe, Beständigkeit und Geborgenheit findet. Hierzu zählt auch, dass man den Hund nicht ständig in fremde Hände übergibt oder an anderen Orten bzw. bei anderen Menschen lässt, etwa wenn sich mehrere Familien einen Hund „teilen" oder der Hund die meiste Zeit bei Hundesittern oder anderen betreuenden Personen verbringt. Nicht nur fehlt dem Hund so der Bezug zu seinem Menschen, der ständige unvorhersehbare Wechsel bedeutet für ihn auch einen Kontrollverlust und damit einen Eingriff in sein Sicherheitsempfinden.

Ein Vorbild sein

Wenn Sie sich im ständigen aggressiven Austausch mit Ihrer Umwelt befinden, sich lautstark mit Nachbarn, Verwandten oder Mitmenschen anlegen und sich von allem und jedem auf die Palme bringen lassen, wird es auch Ihr Hund schwer haben, dieses Verhalten nicht zu übernehmen. Abgesehen von einer möglichen „Stimmungsübertragung" geht es hier nämlich in erster Line um das Vorleben des sozialen Miteinanders. Leben Sie Ihrem Hund also Gelassenheit vor, zeigen Sie ihm Grenzen auf, ohne dabei unbeherrscht zu werden, und gehen Sie Dinge positiv und entspannt an. Ihr Hund wird es Ihnen danken und gern gleichtun, denn so strahlen Sie mehr Sicherheit aus.

Ehrlich zu ihm sein

Ehrliche Kommunikation versteckt nicht die eigentliche Botschaft. Doch gerade das ist in unserer heutigen Gesellschaft wichtig geworden. Wir kommen später noch einmal genauer darauf zu sprechen. Ehrlich zu seinem Hund zu sein bedeutet, die Botschaft zu „senden", die man tatsächlich vermitteln will und sie so zu senden, dass der Empfänger sie auch verstehen kann. Sprich: Wenn ich will, dass mein Hund etwas unterlässt, darf ich nicht um den heißen Brei herumreden; wenn ich will, dass er etwas als Lob empfindet, darf ich nicht unnötig Druck auf ihn ausüben. Seien Sie also ehrlich, indem Sie eindeutig und unmissverständlich das mitteilen, was Sie mitteilen möchten.

Nähe und Körperkontakt annehmen und anbieten

Hat man kaum Kontakt zum Partner, hat man auch kaum eine Möglichkeit, Bindung aufzubauen. Daher ist es so wichtig, seinem Hund auch die Möglichkeit zur physischen und psychischen Nähe zu geben. Nicht nur tut es uns (und auch unseren Hunden) nachweislich gut, wenn wir uns in engem räumlichem Kontakt zueinander befinden, unsere Hunde lernen so auch schneller, unsere Mimik und Gestik zu interpretieren und einzuschätzen (Gansloßer 2015). Körperkontakt zum Hund ist also wichtig, setzt u. a. die „Bindungshormone" Oxytocin und Vasopressin frei und sorgt für ein Gefühl des Miteinanders und der Vertrautheit. Lassen Sie sich ruhig von Ihrem Hund zu einer gelegentlichen Schmuseeinheit auffordern und fordern Sie im Gegenzug auch ihn hin und wieder dazu auf. Diese Gegenseitigkeit vertieft das Gefühl, zusammenzugehören.

1–2
Berührung verbindet. Doch Hunde brauchen nicht nur Zuwendung, sondern auch mal Zeit für sich.

Ihn nicht mit Aufmerksamkeit überschütten

Zu viel Nähe schafft Distanz. Wer ständig im Mittelpunkt steht, hat auch immer das Gefühl, sich präsentieren zu müssen. Außerdem verliert der ständige Beobachter irgendwann an Wertigkeit – er steht ja immer zur Verfügung. Geben Sie Ihrem Hund also neben Zeiten des Kontakts und der physischen und psychischen Nähe auch wieder Zeit für sich, indem Sie ihn auch mal links liegen lassen und sich Ihren eigenen Dingen widmen. So bleibt Zeit für Müßigkeit und damit für Ausgeglichenheit und Entspannung. Und Ihr Hund weiß die Zeit, die Sie gemeinsam verbringen, noch mehr zu schätzen.

Ihn sowohl animieren, als auch korrigieren

Menschen, die ihre Hunde souverän führen können, haben auch eine bessere Bindung zu ihnen als solche, die das nicht tun. Es ist also kein Fehler, auf

1

seinen Hund einzuwirken, ihm in seiner Entwicklung zu helfen, ihn zu fördern und zu animieren, ihn aber auch einzuschränken und zu korrigieren. Ganz im Gegenteil: Wer seinen Hund verantwortungsbewusst coacht und ihm hilft, Situationen angemessen zu lösen, der betreibt auch eine Investition in dessen Selbstwahrnehmung und Gesundheit und ganz nebenbei auch in eine gefestigtere gemeinsame Beziehung.

Ihm in Krisensituationen eine Anlaufstelle sein

Zeigt der Hund Unsicherheit, hat Angst oder Schmerzen, ist es von Vorteil, wenn er weiß, dass er zu seinem Halter kommen kann – dort wird ihm geholfen, dort geht es ihm gut. Um ein solcher Ankerpunkt im Leben seines Hundes zu werden, muss

man sich aber erst einmal als Fels in der Brandung erweisen. Das geht nur, indem man sich in vielen kleinen Situationen und Konflikten als ebensolcher erweist. Wenn Sie also Ihrem Hund in zweifelhaften Situationen Mut zur Selbstüberwindung geben, für ihn gruselige Objekte gemeinsam erkunden und ihm Zeit geben, neue Situationen in Ruhe zu erfassen bzw. zu bewältigen, stärkt das nicht nur das Selbstbewusstsein und die Problemlösungsfähigkeit Ihres Hundes, er wird sich auch in künftig zweifelhaften Situationen vertrauensvoll an Sie wenden. Das lernt er jedoch nicht, indem Sie versuchen, ihn nur verbal zu trösten oder die Situation zu umgehen. Sie müssen ihm aktiv zeigen, wie er sie erfolgreich meistern kann. Auch wenn dies nicht immer der angenehme Weg ist.

2

Ihm Schutz bieten

Für seinen Hund da zu sein bedeutet auch, ihn vor Zudringlichkeiten, Verletzungen und unangenehmen Situationen (und damit auch vor den unangemessenen Annäherungen anderer Menschen oder Hunde) zu schützen. Ein Sich-Einmischen ist hier nicht nur eindeutig erlaubt, sondern auch Pflicht. Sätze wie „Das machen sie untereinander aus!" (die übrigens meistens von Haltern großer, dominanter Hunde ausgesprochen werden) haben hier nichts verloren. Wer nicht jeden Artgenossen oder Menschen zu seinem Hund hinlässt, vor allem, wenn die Absichten nicht eindeutig freundlich sind, wer ihn nicht in Situationen kommen lässt, die schädlich oder gar gefährlich für ihn sind, und wer ihm in Zeiten der Unsicherheit eine Anlaufstelle und Schutz bietet, der sorgt sich um seinen Hund und kann sich seinem Vertrauen auch in anderen kritischen Momenten sicher sein.

Ihm Grenzen setzen

Hunde brauchen klare Grenzen (Grewe 2010). Nicht nur, weil es ihnen (wie wir später noch sehen werden) ein Gefühl der Sicherheit und Vorhersehbarkeit gibt, sie lieben es auch, sich geeigneten Anführern anschließen zu können. Außerdem muss der Hund als „Schutzbefohlener" von seinem verantwortungsbewussten Halter fit für das Leben in der Welt der Menschen gemacht werden, denn von den darin befindlichen Normen und Gefahren weiß er nichts. Da wir Menschen außerdem die kindlichen Eigenschaften unserer Hunde seit Jahrtausenden fördern, sie also nie wirklich „erwachsen" werden lassen, sind

eben auch wir Menschen es, die in dieser Beziehung die führende Rolle übernehmen und unsere Hunde in diese Welt einweisen müssen. Udo Gansloßer beschreibt, die Mensch-Hund-Bindung sei gleichzusetzen mit einer Eltern-Kind-Bindung, und daher sei auch das Eingreifen des Menschen in die Erziehung und die Belange des Hundes wichtig und legitim (Gansloßer 2015). Dem kann ich nur zustimmen. Doch diese Erziehung beinhaltet nicht nur das Fördern von Fähigkeiten und Verhaltensweisen, sondern auch deren Reglementierung und das Auf- bzw. Durchsetzen von Regeln und Grenzen.

Seine Eigenständigkeit und Talente fördern

Aus seinem Hund einen „Mitdenker" zu machen ist nicht nur beziehungsfördernd, sondern auch wichtig für seine Persönlichkeitsentwicklung und Problemlösungsfähigkeit. Hierzu gehört etwa, dass man nicht ständig die Leine zwischen den Beinen seines Hundes hervorwurschtelt, sondern ihm zeigt, wie er sich selbst wieder entwirren kann, dass man ihn nicht über jedes Hindernis hebt, sondern ihm zeigt, wie er es überwinden kann, und dass man ihm vormacht, wie er kleine Probleme lösen kann, bzw. dabei von ihm auch andere Lösungswege als den ursprünglich angedachten akzeptiert. Wer zudem noch die Talente und Begabungen seines Hundes fördert bzw. kanalisiert, indem er sinnvolle Beschäftigungsmöglichkeiten bietet und so gemeinsame Erfolgserlebnisse generiert, der wird kaum Probleme haben, ein gutes Verhältnis zu seinem Hund zu entwickeln.

Miteinander Spaß haben und aktiv sein

Gemeinsame Unternehmungen machen nicht nur Spaß, sie sind auch überaus beziehungsfördernd. Wer miteinander spazieren geht, anstatt den anderen ungeachtet an der Leine hinter sich herzuschleifen, wer gemeinsam versteckte Gegenstände sucht, Wanderungen unternimmt, spielt oder auch herumalbert, der tut damit mehr für eine gute Beziehung zu seinem Hund, als ihm vielleicht bewusst ist. Denn etwas miteinander zu unternehmen, ist der Studie von Horn zufolge ein viel größeres „Bindemittel" für eine Beziehung als das bloße Versorgen des Hundes (Horn et al 2013). Diese Studie zeigt, dass ein Hund bei mehreren im Haushalt lebenden Personen jener Person mehr Aufmerksamkeit schenkt, mit der er mehr gemeinsame Aktivitäten macht. Auch wenn Hunde also alle „Mitbewohner" in der Familie gleichermaßen gut kennen, scheinen sie nur zu jener

Person eine wirkliche Bindung aufzubauen, mit der sie auch regelmäßig gemeinsam Dinge unternehmen und aktiv sind.

Futter oder andere „Belohnungen", wie z. B. Spielzeug, spielen also entgegen vieler Meinungen bei der sozialen Beziehungsfindung überhaupt keine Rolle (Gansloßer 2015). Sie können Ihren Liebling daher füttern und belohnen, so viel Sie wollen: Es wird nichts daran ändern, ob er eine gefestigte Beziehung zu Ihnen hat oder nicht. Diese Information sei besonders all jenen ans Herz gelegt, die versuchen, sich die Zuneigung eines Hundes durch Futter zu „erkaufen". Er kommt dann nämlich auch nur des Futters wegen und nicht wegen des Menschen.

Gehen Sie also lieber mit ihm nach draußen, unternehmen Sie etwas gemeinsam und haben Sie Spaß dabei. Das ist in der Beziehungsfindung von Hund und Mensch weitaus wichtiger!

1-3
Ob ein kurzes Versteckspiel oder der Spaziergang selbst: Schöne gemeinsame Erlebnisse schweißen zusammen.

1

PERSÖNLICHKEITSSTRUKTUR DES MENSCHEN

Wie mittlerweile auch unzählige Studien beweisen, haben die Persönlichkeitsstruktur und die Führungskompetenz des Menschen also deutliche Auswirkungen auf das Verhalten des Hundes und großen Anteil an der Art der Beziehung, die beide miteinander eingehen (u. a. Wedl et al 2010 oder Siniscalchi et al 2013). Kurz gesagt: Wer sich souverän und optimistisch gibt, überträgt das meist auch auf seinen Hund. Sie als Mensch beeinflussen also das, was aus Ihrem Hund werden kann, beeinflussen sein Verhalten und seine Fähigkeit, sich mit seiner Umwelt angemessen auseinanderzusetzen. Wer seinem Hund keine Führung vorgibt und ihn nicht einschränken möchte, tut ihm und der gemeinsamen Beziehung also nichts Gutes. Durch Berücksichtigung der oben genannten Punkte aber können Sie ein harmonisches Miteinander

und ganz nebenbei auch die Problemlösungsfähigkeit und die Intelligenz Ihres Hundes fördern und unterstützen, damit auch seine Selbstwahrnehmung und Umweltsicherheit. Er lernt, all das mit Ihnen gemeinsam erreichen und genießen zu können, und wird sich in künftigen Situationen vertrauensvoll in Ihre Hände begeben.

»Gemeinsam ein Stöckchen zu schreddern verbindet.«

2

3

BESTE FREUNDE

Die Beziehung zu unseren Hunden beeinflusst das gemeinsame Leben.
Man kann also nicht früh genug damit beginnen, sie positiv zu gestalten.

Beziehung ist keine Einbahnstraße

Freundschaft braucht Gegenseitigkeit, um bestehen zu können, denn eine Beziehung besteht aus gegenseitigem Geben und Nehmen. Gibt einer nur und der andere nimmt, besteht keine Gegenseitigkeit, sondern freiwillige Dienerschaft. Und wer will schon gern das Personal seines Hundes sein? Oder dessen Tyrann?

WAS FREUNDSCHAFT AUSMACHT

Denken Sie einmal an Ihre besten Freunde. Was zeichnet Ihre Beziehung zu ihnen aus? Warum sind Sie Ihre Vertrauten? Weil sie Ihnen alles geben und Sie täglich in den Himmel loben? Oder weil Sie sich mit ihnen austauschen können, Sie von ihnen auch einmal eine Meinung hören, die nicht Ihrer eigenen entspricht, oder sogar hin und wieder konstruktive Kritik von ihnen ernten?

Eine Freundschaft wie auch eine Beziehung braucht Gegenseitigkeit, um bestehen zu können. Sie ist der Eckpfeiler für den Respekt, den wir jemandem entgegenbringen und damit auch für die Wertschätzung. Diese Wertschätzung ist es, die eine harmonische Mensch-Hund-Beziehung trägt. Wenn ich mein Gegenüber schätze und respektiere, gehe ich auch weitaus bereitwilliger eine Kooperation mit ihm ein. Niemand mag Schleimer und niemand respektiert seine kriecherische Gefolgschaft. Ebenso wenig wie kontrollsüchtige Tyrannen. Auch unsere Hunde nicht.

DAS PARTNERBEISPIEL

Für ein besseres Verständnis, wie leicht man als Hundehalter in die Nettigkeitsfalle rutschen und so von seinem Hund nicht mehr ernst genommen werden kann, gebe ich meinen Kunden gern folgendes Partnerbeispiel mit auf den Weg:
Stellen Sie sich vor, Ihr Partner würde Sie nie aus den Augen lassen, Sie den ganzen Tag über beobachten, jeden Ihrer Blicke in seine Richtung mit Verzücken beantworten, wäre immer um Sie bemüht, würde Sie ständig berühren, küssen und herzen, Sie stets mit Leckereien verwöhnen, ununterbrochen auf Sie einreden und Sie dabei mindestens einmal pro Stunde fragen, ob er irgendetwas für Sie tun kann. Sie dürften keinen Schritt mehr allein gehen oder für sich sein, jeder Moment, jeder Gedanke wird geteilt.
Wie würde es Ihnen dabei gehen? Gut? Das mag die ersten Wochen, vielleicht sogar Monate so sein, doch irgendwann wären Sie an dem Punkt, wo es Sie nur noch nervt, von Ihrem Partner so intensiv umsorgt zu werden. Wie lange würden

Hunde lieben es, die Seele baumeln zu lassen und ihren Gedanken nach- hängen zu können.

Sie ihn dann noch respektieren und ihm mit Achtung begegnen? Wie lange noch die Initiative ergreifen, in seiner Nähe zu sein? Oder würden Sie bald die erstbeste Gelegenheit nutzen, um etwas Abstand und Zeit für sich zu bekommen, und ihn einfach stehen lassen? Eben.
Und warum machen Sie es dann bei Ihrem Hund so?
Hier entsteht meist eine kurze, verlegene Pause. Eine sehr wichtige Pause, denn diese Pause bedeutet Selbstreflexion: Warum mache ich das eigentlich?

AUSZEIT
Für alle Hunde, ganz besonders aber für Vertreter von „Arbeitsrassen", ist folgen- der Beziehungstipp daher unerlässlich: Geben Sie Ihren Hund auch einmal „frei", indem Sie ihn über mehrere Stunden hin- weg nicht beobachten, nicht ansprechen und nicht anfassen, obwohl Sie beide anwesend sind. Warum?

Wie auch wir Menschen wollen Hunde die Möglichkeit haben, ungestört zu sein. Man braucht einfach einmal Zeit für sich, Zeit, um in die Luft zu schauen, seinen Gedanken nachzuhängen oder in Ruhe die Augen zuzumachen. Und Raum, um sich zu entfalten, mal so zu liegen, wie man möchte, und zu dösen und eben nichts erwarten zu müssen. Das entspannt. Lassen Sie Ihren Hund daher ruhig täg- lich mindestens einmal für eine längere Zeit links liegen, beachten Sie ihn nicht und geben Sie ihm damit die Möglichkeit, ungestört „frei" zu haben. Er wird es Ihnen danken.

PRIVILEGIEN VERDIENEN
Ein weiterer wichtiger Tipp neben jenem, dem Hund nicht immer uneingeschränkt zur Verfügung zu stehen, und jenem, ihm nicht jeden Wunsch von den Augen abzulesen, ist dieser: Lassen Sie Ihren Hund sich seine Privilegien verdienen.

Dafür, dass er etwas möchte, muss er auch etwas tun. Anders funktioniert eine stabile Beziehung nicht. Ihr Hund muss also Regeln und Grenzen befolgen, um Privilegien und Freiheiten genießen zu dürfen. Ein Hund, der nur nimmt, aber nie gelernt hat, dafür auch zu kooperieren bzw. Regeln zu befolgen, kann nicht glücklich werden, denn es fehlt ihm an einem Partner fürs Leben, an Orientierung, Stabilität und Sicherheit.

Ihr Hund sollte sich also erst Ihres hundertprozentigen Vertrauens in puncto Unterbrechbarkeit und Rückruf als würdig erweisen, bevor er ohne Leine laufen darf. Er sollte abwarten können, bevor er sein Futter entgegennehmen darf, und er sollte zu Hause nur dann im Bett oder auf der Couch schlafen dürfen, wenn Sie das auch wollen und nur, wenn er sich auch draußen als kooperativer Freund erwiesen hat.

Es beginnt in den vier Wänden

Denken Sie immer daran, dass alles, was der Hund auch „draußen" können bzw. zeigen soll, zu Hause, also im täglichen Umgang mit Ihnen, seinen Ursprung hat. Geben Sie ihm daher schon dort vor, was er tun darf und was nicht, was seine Aufgaben sind und wie er Situationen lösen kann. Denn nur wenn Ihr Hund mit Ihnen bereitwillig und ohne zu zögern kooperiert, können Sie ihm auch die Freiheiten geben, die er so dringend benötigt. Doch eben diese Kooperation bedarf eines gewissen Respekts und einer Wertschätzung Ihnen gegenüber, die Sie nicht erreichen, wenn Sie Ihren Hund verwöhnen und ihn nur tun lassen, was er möchte.

Seien Sie Ihrem Hund also ein zuverlässiger Partner und nicht das Personal. Geben Sie ihm die Möglichkeit, sich sein wunderbares Leben mit Ihnen zu verdienen, denn nur so wird er Sie als Gefährten schätzen.

Nicht immer ist das Leben flauschig

Konflikte gehören zum Leben dazu. Wer glaubt, Hunde wären stets nett und freundlich, wenn man nett und freundlich zu ihnen ist, und wer denkt, dass es ausreicht, seinen Hund zu füttern und zu herzen, damit dieser sich wohlfühlt, der lebt in einer Traumwelt. Die Realität sieht anders aus.

Konflikte, das Ausloten von Grenzen und die Reibung aneinander gehören ebenso zu einer guten Beziehung wie die schönen Momente. Denn hierin zeigt sich erst, wie und wer wir sind, ob wir geeignet sind, Verantwortung zu übernehmen und uns damit auch als wertig erweisen können, unseren Hund durchs Leben zu führen. Und diese Möglichkeit des Sich-fallen-lassen-Könnens in der Beziehung mit seinem Menschen ist es, die dem Hund ein Gefühl der Sicherheit, Zufriedenheit und Harmonie gibt. Menschen, die Konflikte mit ihrem Hund scheuen, nur das Gute in ihm sehen wollen, ihn in den Himmel heben und verwöhnen, können eine solch harmonische Beziehung zu ihrem Hund nie erreichen, denn ihre Beziehung ist ein reines Geben ohne Nehmen. Doch nur wer sich auch einmal durchsetzen kann, wer weiß, wie der andere tickt, wie er in diversen Situationen reagiert und wie er aus diesem Grund einzuschätzen ist, was er mit sich machen lässt und wo seine Grenzen sind, kann sein Gegenüber respektieren und mit ihm eine vertrauensvolle Beziehung eingehen.

GRENZEN TESTEN

Wir alle testen unsere Umwelt, und das lebenslang. So auch unsere Hunde. Dies ist ein ganz normaler Prozess und wichtiger Bestandteil der Persönlichkeitsentwicklung. Wie bekomme ich, was ich möchte? Wie weit kann ich gehen? Kann ich Gefordertes auch umgehen? Was macht mein Gegenüber, wenn ich …? Was muss ich machen, damit es …? Durch die Beantwortung dieser Fragen, durch das Austesten von Möglichkeiten, durch das Spiel mit unterschiedlichen Kommunikationsformen und durch die daraus resultierenden Erfahrungen und Ergebnisse entsteht das, was für ein harmonisches Miteinander so wichtig ist: das individuelle Sozialverhalten.

Versuch und Irrtum

Lernen durch Versuch und Irrtum ist besonders nachhaltig. Dies sollten wir auch unseren Hunden zugestehen. Will man also, dass der eigene Hund sich sozial kompetent und angemessen verhält, darf man ihm diese Erfahrung nicht verwehren. Seinem Hund dabei Fehler und Grenzen aufzuzeigen, hat nichts mit unangebrachter

Dominanz zu tun. Im Gegenteil: Es bedeutet langfristige Hilfe zur Selbsthilfe und gibt dem Hund die Möglichkeit, angemessen mit seiner Umwelt zu interagieren, also Umweltsicherheit, Selbstbewusstsein und Zufriedenheit zu erlangen.

EIN WENIG STRESS SCHADET NICHT

Die Argumentation, wir Menschen sollten doch die intelligenteren Lebewesen sein und andere Lösungen für Konflikte finden, als den Hund durch Anweisungen und eine fachgerechte Durchsetzung von Verhaltensregeln in eine für ihn unangenehme und damit stressende Situation zu bringen, kann hier aus den zuvor erwähnten Gründen nicht gelten. Denn einerseits impliziert sie wieder ein Entfernen von der hundlichen Wahrnehmung durch die Interpretation menschlicher Denkweisen (da man davon ausgeht, wie man selbst in dieser Situation behandelt werden möchte, anstatt sich in die Sichtweise des Hundes einzufühlen), andererseits beweist die Lerntheorie, dass Stress ein wichtiger und z. T. sogar positiver Faktor beim Lernen ist. Oder waren Sie nicht gestresst, als Sie Ihren ersten Schultag oder Ihre erste Fahrstunde hatten? Eben. Es kommt nur auf die Dauer und die Intensität der Stressbelastung an. Und dabei steht wieder das Erlernen dessen, wie man ruhig und entspannt mit Situationen umgehen kann, klar vor der Vermeidung stressender Situationen, die

keinerlei Verbesserung des Stressempfindens und damit der Gesundheit bringt. Auch wenn Hunde untereinander Konflikte austragen, haben sie Stress. Doch richtig angeleitet wird dieser Stress nach der Lösung des Konflikts wieder abgebaut und durch das Wissen um künftige Regeln und Normen verringert. Muss ein Hund aber, weil die Situation nicht ordnungsgemäß gelöst werden konnte, immer wieder dieselbe stressende Situation durchleben und hat er dabei keine Lösungsansätze für den Konflikt bekommen, bleibt dieser Stress langfristig bestehen und ist damit schädlich für den Hund.

Anleiten

Den Hund in Konfliktsituationen entsprechend anzuleiten und den Konflikt mit ihm durchzustehen, ist also langfristig weitaus weniger belastend für ihn, als ihm diese Möglichkeit des sozialen Lernens zu ersparen und ihm nicht zu zeigen, wie er Situationen künftig entspannt durchlaufen kann. Sich in diesen Momenten also auf das vierbeinige Gegenüber einzulassen, den Hund als Hund wahrzunehmen und zu behandeln und ihm zu helfen, den angemessenen Lösungsansatz zu erkennen, zu verstehen und künftig auch ausführen zu können, hat also wesentlich mehr mit einer verantwortungsvollen und tierlieben Erziehung zu tun, als ein Ignorieren bzw. Ab- oder Umlenken des unerwünschten Verhaltens, auch wenn dies auf den ersten Blick vielleicht „netter" wirkt.

Ein „Erklären" der Situation bringt Ihrem Hund übrigens nichts. Sie können ihm nicht erklären, warum er aufhören soll zu bellen – Sie können ihn nur darin unterbrechen und künftig sein ruhigeres Verhalten in derselben Situation anerkennen. Sie können ihm nicht erklären, warum er sich nicht vor dem Zug fürchten soll – Sie können ihm nur vorleben, dass es ganz selbstverständlich ist, dort ohne Angst ein- und auszusteigen. Und Sie können in

»Wer seinem Hund jegliche stressende Erfahrung erspart, erspart ihm auch zu lernen, wie er damit umgehen kann. Er tut seinem Hund also nichts Gutes, sondern macht ihn dadurch weder belastbar noch umweltsicher.«

diesen Zeiten des Zweifels für ihn da sein, indem Sie ihm eine Schulter zum Anlehnen bieten und ihm zeigen, wie er diesen Zweifel überwinden kann.

KLAR UND EINDEUTIG SEIN

Wichtige Inhalte wie „Beiß diesem Menschen nicht ins Bein", „Reite nicht bei diesem Hund auf" oder „Friss das nicht" müssen dem Hund so vermittelt werden, dass er sie versteht und sie von ihm eindeutig erkannt und nicht jedes Mal wieder infrage gestellt werden. Ich bin u. a. auch Trainerin für das Selbstverteidigungssystem Krav Maga und auch hier ist das Prinzip dasselbe: Wenn ich ein „Nein" ausspreche, muss es so ausgesprochen und mit der entsprechenden Körpersprache untermalt werden, dass beim Gegenüber keinerlei Zweifel bleiben, dass dies auch so gemeint ist. Ein Lächeln oder eine „weiche" Körpersprache sind hierbei unangebracht und führen nicht selten dazu, dass das Gegenüber seinen Versuch nur noch offensiver wiederholt. Genauso ist es in der Hundeerziehung. Bleiben Sie also auch in Konfliktsituationen ehrlich und klar, damit Ihr Hund verstehen kann, was Sie von ihm möchten, und verschlüsseln sie nicht Ihre Botschaft durch den Versuch einer möglichst freundlichen Außenwirkung.

Konfliktscheu?

Warum scheut man als Hundehalter vor der Durchsetzung in Konfliktsituationen und dem Unterbrechen von unerwünschten Verhaltensweisen zurück?

— Weil ein Aufzeigen von Grenzen heute gern mit unangebrachter Dominanz und Gewalt gleichgesetzt wird. Niemand möchte nach außen hin so wirken.

— Weil Einschränkungen und regulierende Verhaltensweisen gern mit eigenen negativen Erfahrungen gespickt und daher oft mit dem Verhalten von Schulrowdys, unfähigen Vorgesetzten oder gewaltbereiten Familienoberhäuptern verknüpft werden (ich nenne dies gern den Schulschlägereffekt).

— Weil nur allzu oft die Meinung herrscht: „Wenn ich nur nett genug zu meinem Hund bin, ist auch er nett."

— Weil einem ständig eingeredet wird, man könne alle Arten von Konflikten durch Argumentation lösen.

— Weil eine Durchsetzung und das Aufzeigen von Grenzen schon Menschen gegenüber als aversiv empfunden wird, bei einem wehrlosen Tier diese Emotion aber noch viel weiter geht.

— Weil Hundehalter oft befürchten, dass ihr Hund sie danach nicht mehr liebt.

— Und weil die wenigsten Hundehalter wissen, wie sie sich fachgerecht durchsetzen können, ohne laut oder „gewalttätig" zu werden.

Was für Hunde verständlich ist

All diese Hintergründe zeigen, dass wir nur allzu gern in die Vermenschlichungsfalle tappen. Nur weil wir einen Konflikt auch argumentativ lösen können, gilt das noch lange nicht für den Umgang mit unseren Hunden. Das liegt nicht etwa daran, dass diese dumm sind (im Gegenteil!). Sie verstehen schlichtweg nicht, was wir ihnen mit unserem digital verschlüsselten Redeschwall tatsächlich „sagen" wollen. Unsere eigentliche Botschaft wird so verschleiert, der Hund kann nicht angemessen darauf reagieren. Er folgt nicht. Mit der anschließenden gereizten und oft überaus emotionalen Stimmung seines Menschen kann er aber noch weniger umgehen – man hat ihm ja nicht „gesagt", was er tun bzw. lassen soll. Die Reaktion kommt für ihn also völlig ungerechtfertigt, denn er hatte nie Gelegenheit, sein Verhalten zu verändern bzw. entsprechend anzupassen, weil es keine Anzeichen dafür gab, dass dies notwendig gewesen wäre. Und vermutlich hat er das erwünschte Verhalten bis dato auch noch nie beigebracht bekommen.

SEHNSUCHT NACH HARMONIE

Der Wunsch nach einem positiven, harmonischen Miteinander von Mensch und Hund ist heute so groß, dass viele Hundeschulen sich genötigt fühlen, mit Slogans wie „positive" oder „gewaltfreie" Hundeerziehung zu werben, um ihren Kunden zu zeigen, dass sie diesem Wunsch auch entsprechen. Verantwortungsvolle Hundeerziehung kann aber nicht immer positiv sein. Auch wenn wir das so gern glauben möchten. Sie kann deswegen nicht immer nett sein, weil auch unsere Hunde nicht immer nett sind und wir aus den oben erwähnten Gründen dazu verpflichtet sind, sie in unser gemeinsames Leben und in ihre Umwelt zu integrieren. Wird dies stets mit Überredung, Ablenkung und Vermeidung versucht, lernt der Hund nie, wie man sich richtig in einer solchen Situation verhält.

Viel netter ist es, dem Hund zu helfen, ein angebrachtes Sozialverhalten zu entwickeln, ihn auf sein Leben in seiner neuen Umwelt vorzubereiten und ihn auf dem Weg zum sozial kompatiblen Hund entsprechend zu fördern und anzuleiten. Das heißt auch, ihm zu sagen, dass man manches so nicht macht und ihm zu zeigen, wie man es stattdessen lösen kann. So hat der Hund auch künftig ein Verhaltensrepertoire parat, das ihm hilft, die jeweilige Situation angenehmer und gelassener zu überstehen. Und das ist nachhaltige und tiergerechte Hundeerziehung.

ALLES WIEDER GUT

Versuchen Sie also nicht, Ihren Hund mit den eigenen Maßstäben zu messen, seien Sie so fair, ihm Dinge so zu „erklären", dass er sie auch verstehen kann, und konzentrieren Sie sich dabei auf eine ganzheitliche Körpersprache, die mit dem übereinstimmt, was Sie ausdrücken wollen. Vergessen Sie dabei nicht, dass Hunde körperlich sind und Sie sie im Streitfall auch einmal touchieren dürfen. Vergessen Sie aber auch nicht, nach gelösten Konflikten absichtlich wieder Nähe zum Hund herzustellen, um ihm zu zeigen, dass die Austragung des Konflikts zwar wichtig war, der Konflikt selbst aber keinerlei negative Auswirkungen auf Ihr Miteinander hat. Lassen Sie Ihren Hund also noch einmal die entsprechende Situation mit seinem neuen Verhaltensrepertoire erfolgreich meistern und geben Sie ihm so die Möglichkeit, für gute Leistungen gelobt werden zu können. Damit sind Sie nicht nur um einen erfolgreich gelösten Konflikt reicher, Sie festigen dadurch auch Ihre gemeinsame Beziehung.

Grenzen geben Sicherheit

Wie auch bei der Bewältigung von Konflikten zeigen sich viele Hundehalter beim Aufstellen von Grenzen und Regeln zögerlich. Doch Grenzen geben dem Hund Vorhersehbarkeit wie auch Struktur und sorgen somit für Sicherheit.

M an weiß nicht so genau wie, möchte das geliebte Tier nicht in seinen Handlungen und Lebensweisen einschränken oder sich als dominanter Part in der herbeigesehnten Beziehung aufspielen. Wer aber seinem Hund solche Grenzen und Einschränkungen erspart, tut ihm und der gemeinsamen Beziehung leider nichts Gutes.

REGELN DES MENSCHLICHEN MITEINANDERS

Jede soziale Interaktion läuft nach bestimmten Regeln ab. Einen Freund etwa begrüßen wir anders als einen Fremden, mit Kleinkindern sprechen wir anders als mit Jugendlichen, zu unserem Chef halten wir eine größere Individualdistanz als zu unseren Familienmitgliedern usw. Jemand, der diese Regeln des Miteinanders nicht kennt bzw. einhält, wird als unsympathisch oder seltsam empfunden. Wenn ich Ihnen z. B. während des Hundetrainings ständig mit den Worten „Und weg ist sie!" Ihre Nase „stehlen" würde, würden Sie sich nicht nur Ihren Teil über mich denken, die Wahrscheinlichkeit für ein neuerliches Treffen würde sich auch rasch gegen null bewegen.

Weiß man, dass der Hund auch kommt, wenn man ihn ruft, kann man ihm viele Freiheiten geben.

Kindern können wir die Gefahren ihrer Umwelt oder die Regeln und Normen ihrer Gesellschaft bewusst machen, indem wir ihnen diese Dinge erklären. Wir können sie eindringlich davor warnen, nicht auf die Straße zu laufen, oder ihnen vermitteln, warum man sich nicht einfach so aus dem Süßigkeitenregal im Supermarkt bedienen kann. Lernt ein Kind, diese Vorgaben und Regeln einzuhalten, kann es größere Freiheiten genießen als eines, dass diese nicht kennt oder nicht befolgt. Man muss es nicht ständig an die Hand nehmen, es nicht mit Argusaugen beobachten oder dauernd korrigieren, denn man kann ihm in dem Bewusstsein, dass es um die Vorgänge und Verhaltensregeln weiß, Vertrauen schenken und damit Freiräume zugestehen.

REGELN DES MITEINANDERS FÜR DEN HUND

Ebenso ist es mit unseren Hunden. Zwar fehlen uns die Möglichkeiten zur verbalen Bewusstmachung, wir können aber durch das Vorgeben von Verhaltensregeln, Grenzen und Pflichten einen Rahmen für dieses Vertrauen und damit diese Freiheiten bauen.

Wer seinen Hund z. B. frei laufen lässt, ohne ihm zuvor die Regeln des Freilaufs, also jederzeitige Unterbrechbarkeit und ein zügiges Kommen auf Ruf, beizubringen, handelt nicht tierlieb, sondern verantwortungslos. Dem Hund ist nicht bewusst, welchen Gefahren er ausgesetzt ist bzw. dass er nicht überall hinlaufen darf. Es ist die Aufgabe von uns Menschen, ihm all das zu zeigen.

Ein Vermeiden dieser Verantwortung weist üblicherweise auf eine unsichere Mensch-Hund-Beziehung hin. Denn nur wer sich nicht sicher sein kann, dass die bestehende Beziehung das Aufstellen von Grenzen und Regeln aushält, der traut sich auch nicht, sein Tier einzuschränken und anzuleiten.

Damit man aber nicht in jeder einzelnen Situation aufs Neue Regeln und Verhaltensmaßstäbe vorgeben muss, empfiehlt es sich, so viele Situationen des Lebens wie möglich zusammenzufassen, indem man generelle Vorgaben und Grenzen aufstellt. Was ab wann und wie lange erlaubt ist oder nicht, ist hierfür eine gute Einteilung (siehe Seite 158 „Erlauben – Verbieten").

Zum Beispiel: Die Bürgersteigregel

Meine Hunde etwa dürfen nicht selbstständig vom Bürgersteig auf die Straße
laufen (es ist also „generell verboten")
und müssen warten, bis ich dazukomme
und sie mit über die Straße nehme. Das
ist eine der ersten Regeln, die alle Hunde
in unserem Team lernen müssen.

Meine kleine Hündin Kylie, die während
des Verfassens dieses Buches zu mir
gefunden hat, musste anfangs noch gar
nichts können. Außer das.

Warum? Zum einen liegt mir etwas an
der körperlichen Unversehrtheit meiner
Hunde. Zum anderen aber kann ich sie
so auch in der Stadt frei laufen lassen, da
ich mich darauf verlassen kann, dass sie
nicht selbstständig auf die Straße laufen
oder die Straßenseite wechseln. Auch sorgen ihre jederzeitige Unterbrechbarkeit
und ihr gutes Benehmen dafür, dass ihnen
Türen offen stehen, die anderen Hunden
verwehrt bleiben. So werden ihnen Freiheiten und Annehmlichkeiten zuteil,
die ihnen ohne das Einhalten von Regeln
und Grenzen nicht möglich wären.
Hunden Regeln und Grenzen aufzuerlegen hat also nichts damit zu tun, sie zu
piesacken. Es hilft ihnen vielmehr, sich
in der Welt der Menschen zurechtzu-
finden, und ermöglicht ihnen Freiräume,
die ihr Wohlbefinden steigern. Es gibt
ihrem Leben Struktur und Beständigkeit
und sorgt für Entspannung und ein Gefühl der Sicherheit und Vorhersagbarkeit.
Und das selbstständige Einhalten dieser
Grenzen und Umsetzen dieser Regeln
gibt ihnen auch eine sinnvolle Aufgabe.

> »Grenzen geben einem Hund
> Sicherheit, weil sie sein
> Leben strukturierter und damit
> vorhersehbarer machen.«

Rituale erhalten die Freundschaft

Auch unter Hunden gibt es Rituale, die Beziehungen aufrechterhalten (Feddersen-Petersen 2004). Versuchen Sie also, auch für sich und Ihren Hund gemeinsame Rituale einzuführen.

Solche Rituale können entweder kleine Freudenmomente des Alltags sein (wie ein „Jour fixe" für Schmuseeinheiten), seltener wiederkehrende Bräuche (wie etwa eine Geburtstagswurst) oder auch trainingsbezogene Abläufe, die einen klaren Anfang und ein Ende der Übung signalisieren (wie etwa das Kurzschnallen der Leine). Auch wenn Sie von Ihrem Hund immer eine kleine Gegenleistung verlangen, bevor Sie das Futter auf den Boden stellen, kann dies zu einem Ritual zwischen Ihnen beiden werden.

BEISPIELE

Ein Beispiel für ein tägliches Ritual aus unserem Leben: Egal wie dicht gedrängt der Zeitplan ist, die ersten und die letzten zehn Minuten des Tages gehören meinen Hunden. Morgens wird ausgelassen begrüßt, gebalgt, geschubst und geblödelt, abends geschmust und gekrault. Hin und wieder gibt es vor dem Zubettgehen (bzw. Zukörbchengehen) sogar noch ein „Betthupferl".
Ein weiteres tägliches Ritual, aber mit großem Nutzen, ist unsere „Hundewaschanlage": Wenn wir nach Hause kommen, stellen sich alle Hunde in einer Reihe auf und gehen einzeln zwischen meinen Beinen durch, wo sie ihre Halsbänder abgenommen und ihre Pfoten abgeputzt bekommen und wo sie noch einmal kurz gekrault bzw. geklopft werden, bevor ich mich wieder anderen Dingen widmen muss. Sobald einer gegangen ist, rutscht der Nächste nach. So geht das „Ausziehen" nicht nur viel schneller, es bleibt auch kurz Zeit und Aufmerksamkeit für jedes einzelne Teammitglied. Und diese „Waschanlage" macht uns allen Spaß. Auch bei Besuchern sorgt sie oftmals für Gelächter. Ein Beispiel für ein selteneres Ritual aus unserem Leben: Meine Hunde und ich teilen uns stets beim Rasten auf Wanderungen (entweder am Gipfel des Berges oder etwa in der Hälfte der Strecke) die mitgebrachte Jause. Diese Stärkung sorgt nicht nur für eine kurze Pause, sondern auch für eine Extraportion Zusammengehörigkeitsgefühl.

Wie oft und welche Rituale Sie also für sich und Ihren Hund finden, ist weniger wichtig, als dass es diese kleinen Gesten und Bräuche zwischen Ihnen gibt. Sie stärken die Vorhersagbarkeit, das Wir-Gefühl und damit auch die Bindung zwischen Ihnen beiden.

In guten wie in schlechten Zeiten

Verhaltensänderungen sind im Leben eines Hundes unweigerlich. Ist der kleine Welpe stets bemüht, von allen und jedem akzeptiert und gemocht zu werden, so testet der junge Hund durch erste kleine Reibungen mit seiner Umwelt bereits seine Wirkung auf diese aus.

Sobald die Geschlechtsreife zum Thema wird und damit Status und Rang an Wertigkeit gewinnen, ergeben sich auch mehr Konflikte mit Artgenossen desselben Geschlechts. Steht der Hund schließlich in der Blüte seiner Jahre, ist also voller Energie und Expansionstendenzen, können sich wiederum Verhaltensweisen einschleichen, die ein „Das hat er ja noch nie gemacht!" ausnahmsweise glaubwürdig werden lassen: Er wird mutiger, traut sich mehr zu und verlangt damit oft auch seinem Menschen so einiges an Erziehungskompetenz ab.

Mit zunehmendem Alter und veränderter Hormonproduktion werden Hunde schließlich tendenziell wieder weniger wagemutig. Kommen im Alter dann auch noch Veränderungen der Sinneswahrnehmung oder Schmerzen hinzu, hat auch das Auswirkungen auf das Verhalten unserer Hunde.

VERÄNDERUNGEN

Nicht nur, dass sich der Hund entwicklungsbedingt verändert, auch sein Verhalten uns gegenüber ist Veränderungen unterworfen. Klebt der neue Hund regelrecht an unseren Fersen und versucht, nicht unangenehm aufzufallen, so kann sich dieses Verhalten schnell ändern, wenn er weiß, dass er nun hier zu Hause ist. Er wird in Bezug auf seine neue Umwelt sicherer und beginnt immer mehr, durch kleine Feldversuche seinen Platz in der Familie und seinen Rang in der Gruppe zu testen.

Auch spielen sämtliche Erfahrungen, die der Hund im Lauf seines Lebens macht, in der Entwicklung und Veränderung seines Verhaltens eine Rolle. Es gibt also eine Vielzahl von Gründen, warum ein Hund sich im Zusammenleben mit seinem Menschen verändern kann. Fallen Sie daher nicht aus allen Wolken, wenn er es auch tut.

ENTWICKLUNGSPARALLELEN

Auch wir Menschen verändern unser Verhalten und unsere Persönlichkeit im Lauf unseres Lebens. Wie unter anderem die Studie von Wallis zeigt, sind die Parallelen in der geistigen Entwicklung von Menschen und Hunden durchaus groß (Wallis et al 2014). Auch das Gehirn von Hunden scheint manchmal während der Pubertät „wegen Umbaus geschlossen" zu sein und auch adoleszente Hunde gehen gelegentlich durch eine schwierige Phase. Vielfach mangelt es ihnen dabei an Erfahrungen zur optimalen Lösung von auftretenden Konflikten und Problemen, die das Leben mit sich bringt.

Haben Sie also Verständnis für die Entwicklungen Ihres Hundes und begleiten Sie ihn nicht nur durch die angenehmen Zeiten, sondern auch durch die unangenehmen. Helfen Sie ihm, die Regeln des entspannten Miteinanders zu verstehen und umzusetzen und coachen Sie ihn auf seinen Weg zum „Hund von Welt". Denn diese Hilfe ist es, die Ihr Hund mehr braucht, als Leckerlis oder teure Accessoires.

AUCH AGGRESSIVE HUNDE BRAUCHEN HILFE

Hilfe brauchen aber nicht nur junge Hunde auf ihrem Weg ins Erwachsenenalter, ängstliche oder unsichere Hunde. Auch Hunde, die unangebracht aggressives Verhalten zeigen, benötigen diese Unterstützung. Auch wenn solche Hunde auf den ersten Blick durch ihr Verhalten abschrecken, einschüchtern oder verängstigen: Meist ist es ein regelrechter Hilfeschrei.

Aggression ist in unserem Leben allgegenwärtig (Feddersen-Petersen 2008). Obwohl die wichtigen biologischen Funktionen von aggressivem Verhalten bekannt sind (es sorgt für Abstand, für Selbstschutz bzw. Schutz von Schutzbedürftigen sowie für das Sichern von wichtigen Ressourcen), ist sie vom Menschen abseits der erwünschten Einsatzgebiete (etwa bei Wachhunden oder Schutzhunden) verpönt.

Doch Aggression gehört ebenso zum Hundeverhalten wie Spiel. Sie ist fester Bestandteil der hundlichen Kommunikation und hat immer eine Ursache. Damit ist Aggression auch immer eine Reaktion des Hundes auf sein Gegenüber und beschränkt sich nicht nur auf das Zeigen der Zähne (Heberer und Mrozinski 2016). Solange ein Hund also kommunizieren kann, kann er auch aggressiv kommunizieren.

Der Kontext ist wichtig

Wichtig ist also der Kontext, in dem aggressives Verhalten auftritt, aber auch, dass es eine Verhältnismäßigkeit in der Reaktion des Hundes auf den oben genannten Auslöser gibt. Andernfalls handelt es sich um unangebrachtes bzw. übermäßig aggressives Verhalten, bei dessen Veränderung der betreffende Hund ebenso viel Hilfe von seinem Menschen benötigt wie in allen anderen Bereichen des Lebens. Man muss ihm also aktiv und fachgerecht alternative Lösungsmöglichkeiten für seine Konflikte zeigen.

Nur allzu oft werden lieber medizinische Ursachen aufgeführt, anstatt „des Pudels Kern" und damit den Grund für das unerwünschte Verhalten zu erörtern. Entgegen der leider immer noch landläufigen Meinung bringt daher auch eine Kastration nur in den seltensten Fällen den gewünschten Erfolg. Wann eine Kastration sinnvoll ist und wann nicht, zeigt Udo

Die Anforderungen unserer Hunde an den menschlichen Partner verändern sich mit jedem Lebenszyklus.

Gansloßer sehr übersichtlich in seiner Tabelle (Gansloßer und Strodtbeck 2011). Vielmehr haben die Studien der letzten Jahre gezeigt, dass vor allem eine Frühkastration beim Hund mehr Schaden anrichtet, als sie Nutzen bringt (u. a. Torres de la Riva 2013).

Verstehen Sie mich nicht falsch: Ich bin keineswegs gegen Kastration im Allgemeinen. Ich bin nur gegen eine Kastration aus den falschen Gründen bzw. im falschen Entwicklungsstadium des Hundes. Und leider werden Hundehaltern hierzu nur allzu gern falsche Informationen vermittelt, sei es aus Unwissenheit oder aus Profitgier.

Kastration muss also immer individuell entschieden werden und braucht laut Tierschutzgesetz sogar einen Grund (hierzu werden gern falsch interpretierte Statistiken über die Häufigkeit von Gebärmutterhalsvereiterungen, Gesäuge-tumoren u. Ä. herangezogen). Denn sie bedeutet immer einen Eingriff in das hormonelle Gleichgewicht des Hundes und kann bei unsachgemäßer und unüberlegter Durchführung das Verhalten des Hundes sogar negativ beeinflussen.

BEGLEITER DURCH ALLE LEBENSPHASEN

Begleiten Sie Ihren Hund auf seinem Weg vom freundlichen Welpen zum motzigen Pubertier, vom erwachsenen Hund hin zum Senior mit Verständnis und Einfühlungsvermögen, ohne ihm dabei alles durchgehen zu lassen. Es geht darum, unter Berücksichtigung einzelner Entwicklungsschritte und Ursachen angemessen auf das Verhalten seines Hundes zu reagieren und ihm so die Möglichkeit zu geben, sein Verhalten entsprechend adaptieren und für künftige Situationen lernen zu können.

1–2
Nicht nur Welpen brauchen Verständnis, auch „Pubertiere" und ältere Hunde muss man ihren Bedürfnissen entsprechend behandeln.

1

2

WEGWEISER

Der Mensch beeinflusst, was aus seinem Hund wird. Auch wenn
die Richtung, in die es gehen soll, schon festzustehen scheint.

———

Selbstreflexion ist der erste Schritt zur Flauschigkeit

Beziehungsarbeit ist in erster Linie Arbeit an sich selbst. Eine Reflexion über die eigenen Denk- und Handlungsweisen ist dabei der erste Schritt in die richtige Richtung. Was aber ist Selbstreflexion? Nun, kurz gesagt: Sie ist der kleine, aber feine Unterschied zwischen der Frage „Warum folgt mein Hund nicht?" und der Frage „Warum folgt MIR mein Hund nicht?"

Am Verhalten des Hundes etwas verändern zu wollen, ist nicht schwer und meistens schnell beschlossene Sache. Doch am eigenen Verhalten etwas zu verändern, erfordert nicht nur ein Umkrempeln bestehender Gewohnheiten und ein Aufraffen zu neuen Denk- bzw. Verhaltensweisen, sondern – vor allem – auch Mut zur Wahrheit. Denn Hundeerziehung ohne das Bewusstwerden der eigenen Stärken und Schwächen endet meist in einer Sackgasse. Wer also sich und sein Tun gelegentlich hinterfragt, ist auf dem besten Weg, ein guter Hundehalter zu werden. Nur Dumme kennen keinen Zweifel.

AN SICH ARBEITEN

Warum aber ist es notwendig, an sich selbst zu arbeiten, wenn man doch nur möchte, dass sein Hund dieses oder jenes Verhalten unterlässt bzw. ausführt? Nun, weil Hunde, wie bereits erwähnt, nichts Besseres zu tun haben, als uns zu beobachten, aus den Ergebnissen dieser Beobachtungen, einiger persönlich durchgeführter Feldstudien ihre Schlüsse zu ziehen und aus der Summe dessen und ihren Erfahrungen aus vorangegangenen Situationen ganz genau wissen, was sie mit uns machen können und was nicht. Den Hund den ganzen Tag über zu verwöhnen, nichts von ihm zu verlangen bzw. zu hinterfragen und dann draußen zu wollen, dass er in perfekter Leinenführigkeit sämtliche Hunde passiert, wird nur von den allerwenigsten Hunden nicht hinterfragt. Beweist man sich zu Hause

»Das Verändern von Hundeverhalten beginnt immer bei einer Veränderung des Hundehalterverhaltens. Und damit meist im Alltag und seinen Gewohnheiten.«

nicht als jemand, der Dinge fordern und auch einmal durchsetzen kann, darf man nicht erwarten, dass der Hund einem das draußen auch glaubt. Daher beginnt Hundeerziehung immer mit dem Verändern eigener Verhaltensmuster und Gewohnheiten und damit mit deren Bewusstwerden durch Selbstreflexion.

AN DIE EIGENE NASE GEFASST

Selbstreflexion bedeutet also, sich einmal an der Nase zu nehmen und zu eruieren, ob man nicht selbst Anteil am Verhalten seines Hundes hat (am positiven wie am negativen). Sie gibt leider auch viele Antworten, die man gar nicht hören möchte, sie klärt dafür aber viele Fragen des All-

Manche Hunde verlangen mehr Durchsetzungsfähigkeit von ihrem Menschen, andere weniger. Doch Sie dürfen mir eines glauben: Man bekommt meist jenen Hund, den man gerade braucht, um über sich hinauszuwachsen.

tags, die man sich nur selbst beantworten kann. Etwa jene, warum man ständig mehr oder weniger freundlich von anderen Hundehaltern aufgefordert wird, seinen Hund zurückzunehmen. Sind sie tatsächlich ignorante Besserwisser oder könnte es daran liegen, dass man seinen Hund stets ungebremst zu anderen Hunden hinlaufen lässt, ohne vorher zu fragen, ob das in Ordnung ist? Liegt es vielleicht daran, dass man selbst mit Stolz beobachtet, wie der eigene Hund in Sekundenschnelle die Chefposition der Hundegruppe einnimmt, oder zeugt es vielleicht von mangelnder Empathie für die anderen Hunde und deren Menschen, wenn ich ihn nicht abrufe? Ist es immer der andere Hund, der anfängt, oder hätte ich bei genauerem Hinsehen bemerken können, dass mein Hund die Rauferei provoziert hat?

Will man also mit Hunden arbeiten, sie erziehen und coachen, muss man auch an sich arbeiten. Kunden, die diesen Punkt verinnerlicht haben, brauchen meist nur ein Minimum an Trainingsstunden, während jene, die nicht bereit sind, Fehler auch mal bei sich zu suchen, am gleichen Problem wesentlich länger herumlaborieren. Es hängt also nicht nur davon ab, was Sie lernen, sondern ob und wie Sie es auch umsetzen wollen. Denn trotz bester Absichten kann sich nichts ändern, wenn man nicht selbst etwas verändert.

VERANTWORTUNGSVOLLE HUNDE-ERZIEHUNG IST UNBEQUEM

Hundeerziehung mit Selbstreflexion ist daher unbequem. Bequemer ist es, den Hund an der Leine hinter sich herzuziehen, wenn er hysterisch den Artgenossen gegenüber anbellt. Bequemer ist es auch, den Hund einfach von der Leine zu lassen, wenn sich andere Hunde nähern, um sich so nicht von ihm hinterherzerren lassen zu müssen. Doch was bringt mir das? Und was meinem Hund? Ist es so viel netter, den Hund von etwas abzulenken oder abzuhalten, als ihm zu zeigen, dass man

»Das ERziehen fällt meist leicht, das DURCHziehen aber auf Dauer schwer.«

diese Verhaltensweise nicht akzeptiert und wie der Hund die Situation stattdessen lösen kann? Kann ich ihm immer einen Schritt voraus sein, um ihn rechtzeitig „abzufangen", oder wäre es nicht besser, ihn direkt in der Situation darauf aufmerksam machen zu können, dass dieses Verhalten so nicht geht? Und vor allem: Wie lange halte ich das nervlich durch?

Diese Verantwortung in Bezug auf Hundeerziehung bedeutet nicht nur, dem Hund ein liebevolles Umfeld zu geben, sondern auch, sich manchmal bei seinem Hund unbeliebt zu machen. Eine Mensch-Hund-Beziehung, die das nicht aushält, ist weder gut noch gefestigt. Im Gegenteil: Oft ist es so, dass Beziehungsgeflechte, die vorher instabil waren, durch das Verbieten bzw. Einfordern von Verhaltensweisen und das Durchsetzen von Regeln wieder an neuer Stabilität gewinnen.

AUSEINANDERSETZUNG ODER EGOISMUS?

Wer um seinen Hund besorgt ist, verlangt von ihm auch Dinge, die der Hund gerade nicht möchte. Ein „Staubsauger" der alles aufnimmt und keinen Maulkorb von seinem Besitzer antrainiert bekommt, weil er ihn „nicht tragen möchte", wird nicht geliebt, sondern vernachlässigt. Es scheint seinem Menschen nämlich weniger wichtig, dass sein Hund durch eine mögliche Giftaufnahme ums Leben kommt, als dass er eine schlechte Meinung von ihm hat.

Ein Mensch, der seinen Hund trotz mangelnder Unterbrechbarkeit frei laufen lässt, geht lieber das Risiko ein, dass sein Hund überfahren wird, als ihn in seiner Freiheit einzuschränken.

Nicht jeder Straßenhund ist auch als Begleithund glücklich.

Hinterfragen

Viele Hundehalter handeln also (ob beabsichtigt oder nicht) egoistisch, indem sie entweder von ihren eigenen Wünschen und Vorstellungen auf die ihrer Hunde schließen oder ihren Hund lieber Gefahren aussetzen, als ihm einen Wunsch auszuschlagen. Um dies zu vermeiden, helfen meist Fragen wie: Ist das, was ich mache, auch im Sinne meines Hundes (und seiner Gesundheit) oder möchte ich mir selbst damit ein gutes Gefühl geben? Vermittle ich ihm dadurch auch den gewünschten Eindruck von mir und unserer gemeinsamen Beziehung? Oder wähle ich diese Lösung aus Gründen der Gewohnheit und Bequemlichkeit?

Beispiele hierfür wären etwa die Reflexion darüber, ob das Wurfspiel, das ich täglich mit meinem Hund betreibe, auch zu seinem Besten ist oder vielmehr dazu, ihn in möglichst kurzer Zeit mit möglichst geringem Aufwand zu bewegen?
Ist der Husky, den ich mir so sehr wünsche, wirklich der richtige Hund für ein Leben in einer Großstadtwohnung mit Sommern von über 30° Celsius oder hat mein Wunsch, einen solchen Hund zu halten, mit meiner inneren Sehnsucht nach Freiheit und Status zu tun?
Möchte ich mir all die Arbeit mit einem vorbelasteten Hund tatsächlich antun oder geht es mir nicht vielleicht doch darum, mir selbst durch die „Rettung" eines Hundes aus dem Tierschutz ein gutes Gefühl zu geben?

EXKURS: HUNDE AUS DEM TIERSCHUTZ

Zu diesem Thema vielleicht noch ein kleiner, aber wichtiger Exkurs: „Vorbelastete" Hunde aus dem Tierschutz bei sich aufzunehmen bedeutet, viel Energie in ihre Sozialisation und ihre Integration in das neue Miteinander zu investieren. Ich habe drei Hunde aus dem Tierschutz. Jeder Hund bringt dabei sein „Päckchen" mit. Dieser Schritt der Integration in das neue Miteinander ist mit viel Zeit, noch mehr Nerven und vor allem mit viel Erfahrung verbunden und sollte nur von Menschen getätigt werden, die sich einer solchen Herausforderung auch stellen können und wollen bzw. die sich nicht scheuen, auch professionelle Hilfe zu Rate zu ziehen. Denn auch wenn es noch so ehrenvoll ist, einen Hund „retten" zu wollen: Wer glaubt, diese Rettung sei mit der reinen Anschaffung und einem liebevollen Zuhause getan, der irrt. Hunde mit Vorgeschichte entwickeln sich nicht aus reiner Dankbarkeit zu einem perfekten Familienmitglied, sie müssen meist mit sehr viel Zeitaufwand und Fachwissen an diese Aufgabe herangeführt werden.

Ängstliche Hunde sind froh, wenn sie einen sicheren Platz haben.

UNSICHERE UND ÄNGSTLICHE HUNDE

Vor allem unsicheren oder ängstlichen Hunden möchte man gern ein Einfordern von Kooperation ersparen, da sie so hilfsbedürftig wirken und man ihnen das Gefühl geben möchte, dass ihnen ab sofort nur noch Positives widerfahren soll. Doch wieder einmal schlägt uns hier die Vermenschlichungsfalle ein Schnippchen, denn: Ja, diese Hunde SIND hilfsbedürftig. Und ja, es soll ihnen nunmehr Positives widerfahren. Doch „positiv" meint für ängstliche bzw. unsichere Hunde etwas ganz anderes als für ihre Menschen: Die Hilfe, die solche Hunde brauchen, bekommen sie nicht, indem ihnen niemand zeigt, wie sie mit den betreffenden Situationen umgehen können. Vielmehr muss man gerade diesen Hunden helfen, indem man sich mit den Auslösern ihrer Ängste auseinandersetzt, sich ihnen als sichere Anlaufstelle erweist und ihnen Lösungswege zeigt, wie sie künftig mit dieser und ähnlichen Situationen umgehen können. Nur so können sie ein Gefühl der Sicherheit entwickeln und damit das Gefühl bekommen, dass ihnen Positives widerfährt. Und ganz nebenbei beweisen Sie sich dadurch auch als hilfreicher Partner, dem sich diese Hunde in künftigen zweifelhaften Situationen des Lebens anvertrauen können. Das Übernehmen von Verantwortung hat also auch viel mit der

Sorge um die Gesundheit des Hundes zu tun. Abgesehen von der Aufnahme von ungeeigneten bzw. giftigen Substanzen, dem Risiko für Verletzungen und ansteckende Krankheiten gehört nämlich auch die Bewältigung von Dauerstress unter diese Kategorie.

Möchte ich meinem Hund die Erfahrung von Einschränkungen im Leben ersparen und lasse ihn aus diesem Grund ganztägig hysterisch bellend die Tür bewachen, oder sorge ich mich mehr darum, dass mein Hund nicht unter Dauerstress steht, und helfe ihm, indem ich ihn unterbreche und ihm zeige, wie er entspannt durchs Leben gehen kann? Überlasse ich meinen Hund lieber seinen Ängsten und tröste ihn mit Worten, um mir das Gefühl zu geben, ihn zu unterstützen, oder helfe ich ihm stattdessen lieber, derlei Situationen künftig entspannter meistern zu können?

Treuherzige Blicke erntet man auch, wenn man nicht alles durchgehen lässt.

FÜNF SCHRITTE

Um also etwas an uns selbst zu verändern, müssen wir …

– uns unserer Verantwortung für unsere Hunde und ihre Gesundheit bewusst werden.
– Empathie für die Bedürfnisse unseres Gegenübers zeigen.
– uns fragen, wie wir auf unseren Hund wirken.
– und uns bewusst werden, welche Verhaltensweisen wir weglassen und welche wir einführen können.

Wie Sie das machen, ist natürlich sehr individuell und im Einzelfall zu entscheiden. Im Zweifelsfall rate ich immer dazu, den Rat eines qualifizierten Hundetrainers einzuholen.
Folgende fünf Schritte könnten Ihnen aber möglicherweise helfen, eine neue Richtung einzuschlagen:

1. **Blick von außen** Werden Sie sich darüber klar, warum Sie mit Ihrer Vorgehensweise keinen Erfolg haben, und ziehen Sie ehrliche Freunde zu Rate, die sich nicht davor scheuen, Ihnen auch Kritik entgegenzubringen. Ein Blick von außen bringt meist interessante Erkenntnisse. Wenn Sie viel zu höfliche Freunde haben, buchen Sie hierfür einen fachlich qualifizierten Hundetrainer. Oft ist dies sogar der bessere Weg, denn solche Trainer sind meist objektiv, zielgerichtet und gut darin, Fehlerquellen zu erörtern (und bei deren Behebung zu helfen).

2. **Überflüssiges wegrationalisieren** Rationalisieren Sie alle Verhaltensweisen weg, die nichts bringen. Eine meiner häufigsten Fragen an meine Kunden ist hierzu: „Warum machen Sie das dann?" Wenn Ihr Hund nicht kommt, wenn Sie ihn rufen, warum rufen Sie ihn dann? Wenn Ihr Hund Besucher nicht hineinlässt, warum steht er dann als

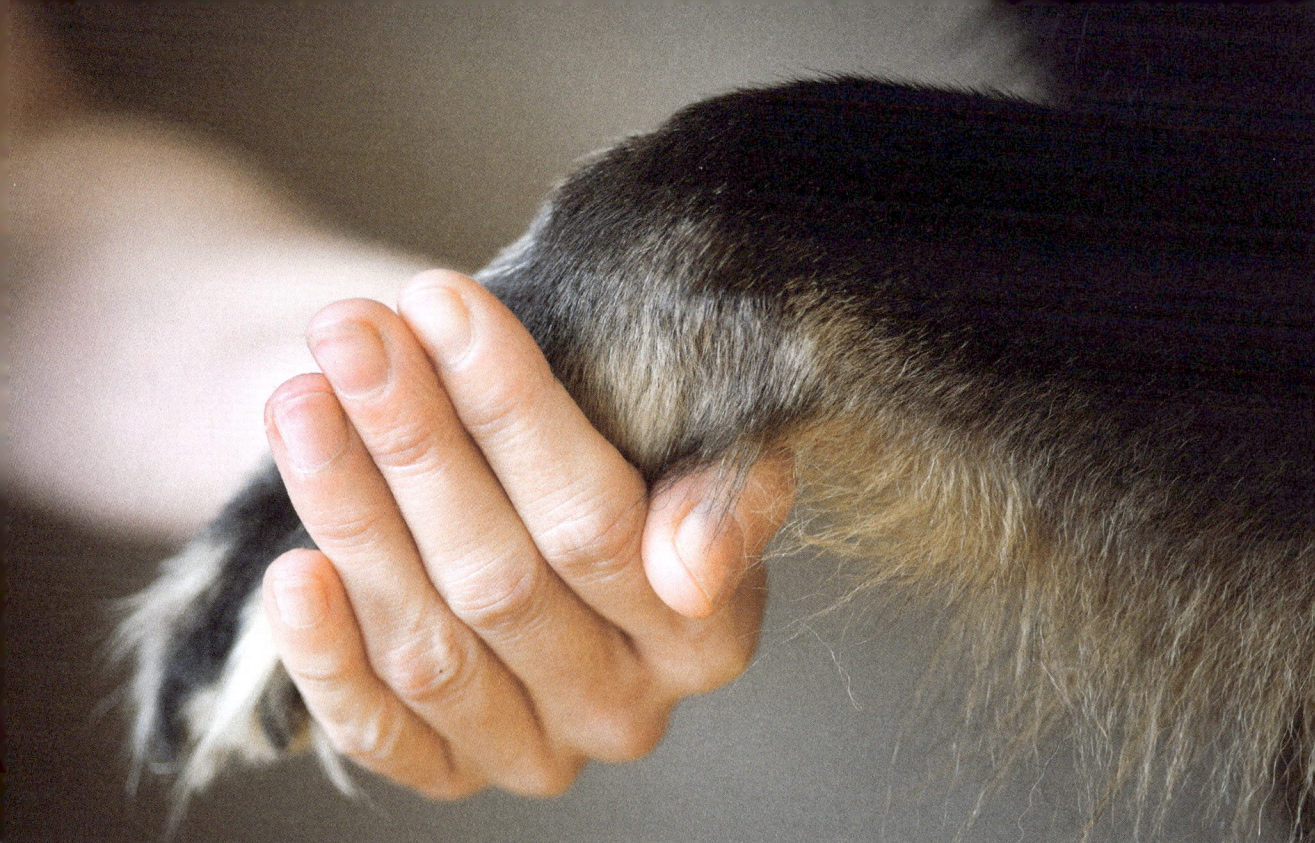

Dass der Hund sich vertrauensvoll in die Hände seines Menschen begibt, muss man sich als Hundehalter erst erarbeiten.

Erster an der Tür? Wenn Ihr Hund sein Tun nicht unterlässt, wenn Sie ihn dazu auffordern, wieso appellieren Sie weiterhin an sein Gewissen? So lustig diese Fragen (und ihre Antworten darauf) klingen mögen, so sehr treffen sie ins Schwarze. Denn durch ihre Beantwortung kommt man dem eigentlichen Problem ein Stück näher. Lassen Sie also alles weg, was nichts bringt, und konzentrieren Sie sich darauf, stattdessen zielführende Verhaltensmuster einzubürgern.

3. Eigene Wirkung Werden Sie sich Ihrer eigenen Wirkung auf Ihren Hund bewusst. „Sprechen" Sie mit ihm so, dass er es auch verstehen kann. Sagt Ihre Körpersprache vielleicht etwas ganz anderes, als Sie eigentlich bezwecken wollen? Sind Sie vielleicht noch zu sehr „Schneizi" und zu wenig „Schneider" (siehe Seite 118)? Gehen Sie in sich und suchen Sie nach den Gründen für ein mögliches Misslingen.

4. Neue Abläufe Führen Sie neue Abläufe ein. Gestärkt mit den Antworten aus den vorigen Fragen, dem Wissen um sich selbst, Ihren neu gewonnenen Informationen über Hunde und ihre Lernweise können Sie darangehen, neue Wege zur Lösung Ihres Problems zu beschreiten und diese zu generieren. Werden Sie sich dabei vor allem Ihrer alten Fehler bewusst, um sie in Zukunft zu vermeiden.

5. Konsequenzen Führen Sie Konsequenzen für ein Nichteinhalten dieser Abläufe ein. Ihr Hund macht trotzdem nicht, was Sie von ihm möchten? Dann wird er nicht aus der Übung entlassen, sondern muss/wird vorher ... Dabei ist vor allem Management gefragt (siehe Seite 161).
Bleiben Sie also hartnäckig und konsequent. Ihr Hund durchschaut nämlich sofort, ob es diesmal ernst gemeint ist oder ob er auch die neuen Methoden umgehen kann.

AUCH NUR MENSCHEN

Schlussendlich soll neben allen Verweisen auf mögliche Fehlerquellen aber eines noch einmal verdeutlicht werden: Wir Hundehalter sind auch nur Menschen. Wir sind nicht perfekt, haben Tagesverfassungen, die unsere Fähigkeit zur ruhigen Problemlösung sabotieren, und tun uns schwer damit, alte Gewohnheiten loszuwerden. Wir kommen erschöpft von der Arbeit nach Hause und haben weder Kraft noch Lust, auch dort noch Probleme und Konflikte zu lösen, sondern möchten viel lieber eine sorglose Zeit mit unseren Hunden verbringen.

Doch wer etwas an den bestehenden Verhältnissen ändern möchte, kommt nicht drum herum, etwas an sich selbst zu verändern.

DAS TEAMLEITER-BEISPIEL

Als kleinen Denkanstoß zum Thema „Welche Führungspersönlichkeit möchte ich künftig für meinen Hund sein?" gebe ich Ihnen abschließend noch mein Teamleiter-Beispiel mit auf den Weg:

Ihre Firma kooperiert mit einer anderen Firma. Beide stellen ein Projektteam zusammen, um einen gemeinsamen Auftrag zu erarbeiten. Es handelt sich dabei um Sie, einen weiteren Mitarbeiter aus Ihrer Firma und zwei Personen aus der anderen Firma, von denen eine, Thomas Schneider, zum Teamleiter ernannt wurde.

Möglichkeit 1: Teamleiter „Schneizi".

Er möchte sich mit allen gut stellen, verbringt mehr Zeit mit Ihnen beim Tratschen am Kaffeeautomaten als am Arbeitsplatz und ist für jeden Blödsinn zu haben. Der Umgangston dabei ist lässig und locker, das Arbeitsklima überaus kumpelhaft. Täglich stellt er das Frühstück für alle bereit. Wo Sie arbeiten möchten, lässt er Ihnen offen. Die Aufgaben für das Projekt scheint er zwar zu kennen, doch Sie sind ihm dabei offensichtlich weit voraus. All Ihre Vorschläge nimmt er dankbar an. Sie bemerken am Rande, dass Sie mehr Aufgaben bekommen haben als er. Sie dürfen absolut selbstständig arbeiten, doch er ist immer anwesend und beobachtet Sie in Ihrem Tun. Rücksprachen zum Projekt nimmt er gern an, gibt aber kaum Hilfestellung und überlässt Ihnen, wie Sie weitermachen möchten. Kritik gibt es nie: Fehler werden nicht angesprochen, sondern einfach ignoriert. Überhaupt lobt er alles ausgiebig, was nicht negativ ist.

Möglichkeit 2: Teamleiter „Schneider"

Er begrüßt Sie erst einmal herzlich und zeigt Ihnen, wo Ihr Arbeitsplatz ist. Er wirkt strukturiert, aber offen für Ideen. Rasch werden gemeinsam die jeweiligen Aufgaben erörtert und von ihm auf die jeweiligen Mitglieder aufgeteilt. Sie bemerken dabei, dass Sie mehr Aufgaben bekommen haben als er. Es gibt feste Pausen, gegen Ende des Projekts spendiert er ein großes Frühstück. Sie erledigen Ihre Aufgaben selbstständig, er lässt Sie daher weitestgehend in Ruhe arbeiten und ist meist mit seinen eigenen Aufgaben beschäftigt. Haben Sie Fragen, können Sie trotzdem stets zu ihm kommen, er scheint immer Rat zu wissen. Der Umgangston ist freundlich und fröhlich, dabei aber nie derb. Positives wird von ihm gelobt; Fehler werden zwar ebenso angesprochen wie Erfolge, aber unter seinem Coaching gleich gemeinsam behoben.

Möglichkeit 3: Teamleiter „Der Schneider"

Er begrüßt Sie kurz und verweist Sie auf Ihren Arbeitsplatz. Ihre Aufgaben wurden von ihm schon eingeteilt, dabei haben Sie mehr Aufgaben bekommen als er. Pausen gibt es kaum, gegen Ende des Projekts spendiert er aber ein großes Frühstück. Er kontrolliert regelmäßig, wie weit Sie mit Ihren Aufgaben vorangeschritten sind, für selbstständiges Arbeiten bleibt dabei wenig Raum. Fragen werden kopfschüttelnd entgegengenommen oder ignoriert, Rat wird in Form von harschen Anweisungen erteilt. Der Umgangston ist beherrscht bis ruppig. Fehler fallen ihm sofort ins Auge, Positives wird kaum angesprochen.

Mit wem würden Sie am liebsten zusammenarbeiten? Bei wem empfinden Sie das Mehr an Aufgaben als am wenigsten ungerecht? Bei wem nehmen Sie Kritik am wenigsten persönlich? Bei wem freuen Sie sich über das mitgebrachte Frühstück am meisten? Wen würden Sie am wenigsten in Frage stellen? Über wen tratschen Sie am wenigsten? Und über wessen Lob würden Sie sich am meisten freuen? Vor wem hätten Sie Respekt im Sinne von Wertschätzung? Von wem würden Sie gern das Du annehmen und vom wem hätte es keine Bedeutung für Sie? Mit wem würden Sie auch gemeinsam durch Krisenzeiten Ihrer Firma gehen? Wer lässt Sie über sich hinauswachsen? Und wen würden Sie auch abseits der Arbeit gern noch ein wenig besser kennenlernen? So empfindet auch Ihr Hund.

DAS GROSSE THEMA

HUNDEERZIEHUNG

ANTI-STRESS-PROGRAMM

Auch wenn es Ihrem Hund nicht gleich klar ist:
Hundeerziehung entspannt und ist damit gesund.

———

Warum Hundeerziehung so wichtig ist

Eine Vielzahl von Gründen zeigt, warum Hundeerziehung so wichtig ist. Zusammengefasst geht es dabei immer um eine bestmögliche Alltagsbewältigung und die Gesundheit des Hundes. Hier finden Sie die wichtigsten Argumente:

12 GRÜNDE FÜR ERZIEHUNG

— Weil sie dem Hund ein Gefühl der Sicherheit gibt.
— Weil sie das Vertrauen des Hundes in seinen Halter stärkt.
— Weil sie wichtig für die körperliche Unversehrtheit des Hundes ist.
— Weil man dem Hund nur so den Freiraum gewähren kann, den er braucht.
— Weil sie den Hund entspannt.
— Weil gut erzogene Hunde schneller Freunde finden (zwei- und vierbeinige).
— Weil man sich auf einen erzogenen Hund verlassen kann.
— Weil man ihn überallhin mitnehmen kann.
— Weil sie aus beiden ein Team macht.
— Weil gut erzogene Hunde weniger kosten.
— Weil ein gut erzogener Hund seinem Menschen zu Ansehen und Respekt verhilft.
— Weil man für gut erzogene Hunde immer jemanden findet, der gern auf sie aufpasst.

KEINER MEHR DA?

Wenn also plötzlich alle Verwandten und Bekannten im Urlaub sind, auf eine Hochzeit gehen, die Oma besuchen müssen, krank bzw. sonst wie verhindert sind oder eine frisch renovierte Wohnung als Grund vorschieben, gerade nicht auf den Hund aufpassen zu können, sollte man sich Gedanken machen, ob der so perfekte Hund nicht möglicherweise doch den einen oder anderen Erziehungsrückstand genießt. Hunde, die an der Leine zerren, auf Artgenossen losgehen, das Inventar zerstören oder sich bei der kleinsten Veränderung ihrer gewünschten Lebensverhältnisse in Rage bellen, nimmt niemand gern bei sich auf. Und sie werden von ihrer Umgebung auch weitaus weniger wohlwollend behandelt. Damit steht ihnen dieses Benehmen leider beim Findungsprozess für neue Freundschaften (ob zu Artgenossen oder Menschen) oft im Weg.

Eine verständnisvolle, artgerechte Hundeerziehung hat viel mit dem Wissen über Hunde zu tun, ihrem Sozialverhalten und ihrer Kommunikation. Sie hat damit zu tun, sich der Verantwortung als Hundehalter bewusst zu werden, diese Pflicht des Erziehungsberechtigten auch wahrzunehmen und den Hund bestmöglich in das eigene Leben zu integrieren (Blümel 2016). Das hat eben auch damit zu tun, sich einmal unbeliebt zu machen. Heutzutage wird Verhalten lieber hingenommen bzw. ignoriert oder ein Potpourri an absurden Übergangs- und Ablenkungstechniken eingeführt, anstatt zum Ursprung der Kommunikation überzugehen: Wie kann ich meine Botschaft so senden, dass der Hund sie best- und schnellstmöglich versteht, ohne dabei zweideutig zu sein oder mich wiederholen zu müssen?

Hier kommt das Kommunikations- und Ausdrucksverhalten der Hunde ins Spiel, zu dem wir später noch kommen werden.

STRUKTUR GEBEN

Wie wir bereits eingangs gesehen haben, leben Hunde in hierarchischen Strukturen. Und zwar freiwillig und gern. Es gibt ihnen ein Gefühl der Sicherheit und Vorhersehbarkeit, ihre Rolle in der Gruppe zu kennen und Grenzen bzw. Regeln des Miteinanders ausprobieren und einhalten zu dürfen. Zeigt man sich also seinem Hund stets als gleichberechtigter Partner, fehlt ihm dieser Ankerpunkt. Der Hund fühlt sich nicht ausreichend angeleitet und damit auch zwangsläufig nicht sicher, da er keine Parameter dafür hat, wie er sich in der jeweiligen Situation verhalten soll. Leitet sein Mensch ihn aber ruhig und souverän an, setzt ihm Grenzen und gibt ihm durch deren Einhaltungen wiederum Freiheiten, kann sich der Hund in der Beziehung zu seinem Menschen entspannt fallen lassen. Dazu gehören eben auch Auseinandersetzungen und Konflikte, die gelöst werden müssen.

Eine gefestigte Mensch-Hund-Beziehung ist weder nur positiv noch nur negativ. Sie ist ein gegenseitiges Geben und Nehmen.

Hunde, die nie Konsequenzen für ihr Handeln erfahren, sind meist distanzlos und nicht kontrollierbar, was sie zu einer Gefahr für sich oder andere machen kann (wenn sie z. B. einfach über die Straße laufen oder andere Hunde auf die Straße hetzen). Ein ausnahmslos positives Erziehen von Hunden berücksichtigt weder deren Bedürfnisse noch deren Lebensweise, sondern nur jene des Halters. Selbiges gilt natürlich eben- so für eine ständige, harte Bestrafung des Hundes.

Souveräne Halter geben Sicherheit

Wie sehr sich die Einstellung des Menschen auf das Sicherheitsempfinden des Hundes auswirkt, verdeutlicht die Studie von Siniscalchi (2013): Hunde von Haltern, die sich selbst als sicher und souverän einschätzten, erkundeten ihre Umwelt ausgiebiger, wenn diese dabei waren, doch kaum in deren Abwesenheit oder in Anwesenheit einer fremden Person ohne ihren Halter. Diese Halter erzeugten also eine vertrauensvolle Umgebung, in der sich ihre Hunde sicher fühlten und sich auf das Entdecken ihrer Umgebung konzentrieren konnten. Hunde von Haltern, die sich selbst als unsicherer und weniger souverän einschätzten, zeigten genau entgegengesetztes Verhalten: Sie zeigten nach der Rückkehr ihrer Halter einen ebenso großen Erkundungsdrang wie nach der Rückkehr eines Fremden. Die Studie zeigte auch, dass Hunde unsicherer Halter während der ersten Begegnung mit Fremden in Gegenwart des Halters mehr Laute von sich gaben als Hunde sicherer Halter. Auch dieses Ergebnis ist ein Hinweis darauf, dass die Anwesenheit eines unsicheren Halters dem Hund nicht ausreichend Sicherheit vermittelt, sondern nur deren Aufregungs- bzw. Stresslevel und die damit verbundenen vokalen Äußerungen erhöhten.

Wer seinen Hund also schätzt, um seine Gesundheit besorgt ist, möchte, dass er sich wohlfühlt, und ihm ein Gefühl von Sicherheit und Geborgenheit geben möchte, der kommt um das Thema Hundeerziehung und die damit einhergehende Annahme von Konflikten nicht herum. Wer diese Herausforderung aber annimmt, macht das Leben seines Hundes nicht nur vorhersehbarer, sicherer und damit angenehmer, er fördert dadurch auch die gemeinsame Beziehung und das, was für eine Bindung so wichtig ist: Verständnis und Vertrauen.

Manchmal gibt es Wetter, bei dem man einfach keinen Hund vor die Tür schickt – zumindest aus Sicht so manchen Hundes.

Werkzeuge für die Hundeerziehung

Beschäftigt man sich mit Hundeerziehung, scheint es nur zwei Möglichkeiten zu geben. Auf der einen Seite das „gewaltfreie" Hundetraining mit Ablenkung und Animation durch Leckerli oder Spielzeug. Auf der anderen Seite das sogenannte „Rangordnungskonzept", bei dem der Halter das Alphatier des Mensch-Hund-Rudels darstellt und dieses anführt.

HANDWERKSZEUG

Will man seinen Hund aber in der Grauzone zwischen Bestechung und Dominanz erziehen, wird die Literatur rar und der Überblick oft schwierig. Doch gerade diese Form der Erziehung ist so einfach, so ursprünglich und so unkompliziert. Hundeerziehung, die eine entspannte Orientierung des Hundes an seinen Halter zum Ziel hat, benötigt im Prinzip nur 10 Dinge:

– Fachwissen
– Ein geschultes Auge
– Authentizität
– Respekt
– Eine ehrliche Kommunikation
– Glaubwürdigkeit
– Zeit und Nerven
– Die Bereitschaft, Verantwortung zu übernehmen
– Die richtige Ausrüstung
– Das richtige „Werkzeug" zur Hundeerziehung

FACHWISSEN

Um einen Hund erziehen zu können, ihn artgerecht anzuleiten, zu wissen, wie er Informationen aufnimmt bzw. verarbeitet und auf welcher Ebene man mit ihm am effektivsten kommuniziert, benötigt man ein Grundwissen über Hunde, ihr Ausdrucksverhalten, ihre Verhaltensbiologie und ihre Entwicklungsgeschichte. Denn nur wer weiß, mit wem er es zu tun hat, kann auch auf sein Gegenüber entsprechend eingehen.

EIN GESCHULTES AUGE

Will man die Signale seines Hundes verstehen und gegebenenfalls darauf reagieren, ist es wichtig zu erkennen, was gerade passiert bzw. gleich passieren wird, also einen „sechsten Sinn" in der Beobachtung von Hundeverhalten zu entwickeln. Das Ausdrucksverhalten des eigenen Hundes zu kennen, ist die Grundvoraussetzung für eine gute Kommunikation mit ihm. Da dieses sich im

1

2

3

1–3
Hunde und ihre Körpersprache richtig deuten zu können, ist Voraussetzung für eine fachgerechte Erziehung.

Lauf des Hundelebens aber auch verändern kann, ist es wichtig, den Hund immer wieder bewusst in diversen Lebenslagen zu beobachten. Im Idealfall lernt man so auch das Verhalten anderer Hunde zu deuten und kann sich sogar auf die vielen individuellen Abweichungen in Körperhaltung oder Mimik einlassen. Denn nicht alle Hunde kommunizieren gleich. Wie auch bei uns Menschen gibt es große individuelle Unterschiede und „Dialekte". Auch Abweichungen im Körperbau, lange Gesichtsbehaarung oder

das Kupieren von Gliedmaßen sind im Ausdrucksverhalten von Hunden zu berücksichtigen. Wichtig beim „Lesen" von Hunden ist daher, sich nicht auf ein einzelnes körpersprachliches Merkmal zu versteifen, sondern das gesamte Ausdrucksverhalten und den Kontext zu berücksichtigen, in dem es stattfindet. Ein schwanzwedelnder Hund kann sich z. B. auch auf eine Attacke vorbereiten, ein zähnefletschender Hund freundlich begrüßen oder ein scheinbar ruhig abwartender Hund gleich losschießen.

AUTHENTIZITÄT

Hunde merken sofort, wenn man Ihnen etwas vorspielt. Versucht man durch Schauspiel jemand zu sein, der man nicht ist, wirkt das Auftreten gestellt und damit unglaubwürdig. Außerdem hält man es keine 24 Stunden durch. Und niemand ist ein besserer Lügendetektor als unsere Hunde. Schließlich haben sie ja auch den ganzen Tag nichts Besseres zu tun, als uns zu „scannen", zu analysieren und die Ergebnisse für die Umsetzung ihrer Motivationen zu nutzen.

Seien Sie also, wer Sie sind. Gehen Sie authentisch mit Ihrem Hund um und versuchen Sie nicht, ihn auf Händen zu tragen, das Alphatier darzustellen oder eine sonstige Rolle einzunehmen, die nicht Ihrer Persönlichkeit entspricht. Sie müssen weder gut gelaunt Ihren Hund in den Himmel loben, wenn er einmal keinen Blödsinn anstellt, noch müssen Sie eine hervorragende Leistung ignorieren. Freuen oder ärgern Sie sich dann, wenn Sie es für angebracht halten. Denn: Ihr Hund weiß ohnehin, was Sie gerade empfinden. Ändern Sie gegebenenfalls etwas an Ihrer Einstellung zum Thema „Was darf mein Hund machen?", dann ändert sich auch automatisch Ihr Verhalten.

RESPEKT

In der Hundeerziehung geht es darum, dem Gegenüber Respekt zu erweisen, aber auch, von ihm Respekt einzufordern. Haben Sie also Achtung vor dem Individuum Hund, aber auch Achtung vor sich selbst. Stellen Sie sich bereits möglichst früh folgende Frage: „Wie will ich, dass mein Hund mit mir umgeht? Will ich der Spiel-ball seiner Gefühle sein oder der vertrauensvolle Ankerpunkt in seinem Leben?" Wenn Sie diese Dinge eindeutig für sich geklärt haben, wird Ihnen die Erziehung Ihres Hundes um vieles leichter fallen. Sie strahlen dadurch nämlich nicht nur genau dieses Selbstbewusstsein körpersprachlich aus, Sie werden in zweifelhaften Situationen auch weitaus weniger hilflos sein und damit besser reagieren. Denn Sie wissen, was Sie wollen, was Sie mit sich machen lassen und was nicht.

Bis hier und nicht weiter

Die Frage nach dem, was ich mir gefallen lasse, was ich mir selbst wert bin und wie ich möchte, dass andere mit mir umgehen, ist also für eine gelungene Hundeerziehung essenziell. Denn sie liefert schnell die Antworten auf die meisten Fragen des Hundehalterdaseins wie: „Ab wann muss ich einschreiten?", „Was darf er mit mir tun?", oder: „Was muss ich ihm verbieten?" Bevor man sich also diese Fragen stellt, kann man sie sich auch schon selbst beantworten, einfach nur, indem man für sich entschiedet, was man mit sich machen lässt und was nicht, wo die eigenen Grenzen sind und dass man diese auch aufzeigen muss und darf. Auch dem eigenen Hund gegenüber. Eine gewisse Portion Selbstbewusstsein erlangt man übrigens auch über die Arbeit mit dem Hund. Denn wenn man das richtige „Werkzeug" hat, mit dem man in Krisensituationen richtig reagieren und Konflikte aktiv beeinflussen und lösen kann, kann man auch entspannter bleiben und solchen Situationen mit weniger Aufregung entgegensehen.

> **MEIN TIPP**
>
> Wenn Sie schon etwas Grundwissen zum Thema Ausdrucksverhalten des Hundes besitzen, setzen Sie sich gelegentlich ohne Hund dorthin, wo viele Hunde miteinander interagieren, und schließen Sie mit sich Wetten ab, wie die jeweilige Situation ausgehen wird. Bleiben Sie dabei objektiv und nicht wertend. Sie werden staunen, wie schnell Sie ein „Auge" für Körpersprache bekommen.

EINE EHRLICHE KOMMUNIKATION

„Ehrlich" ist die Kommunikation mit einem Hund
dann, wenn sie nichts verschleiert, nichts versteckt,
sondern einfach das ausdrückt, was sie zum Ziel hat.
Folgendes Beispiel soll dies kurz veranschaulichen:
Der einjährige Frodo, ein Pubertier in vollem Saft,
springt an seinem Frauchen hoch und schnappt
sich ihren Schal mit den Zähnen. Frodos Frauchen
versucht, ihn auf die Unrichtigkeit seines Tuns aufmerksam zu machen und flötet ihm zu: „Ach, Frodo …
Frooooo-dooooo … Frodo, lass das … Frodo, nein …
Frodo. Ne-hein … Frodo! … Ja, Frodo!! … Ja, sag einmal!!! Frodo!!!! Aus jetzt!!!! AUS!!!!!
Und dann – mit deutlich hörbar gerissenem Geduldsfaden ein heftig gezischtes „SCHLUSS JETZT!!!!",
inklusive Handgemenge und einem geknickten
Frauchen.
Wie aber geht es Frodo? Nun, er ist wohl bester Laune,
denn er hat gerade eines gelernt: Wenn ich will, dass
Frauchen mit mir spielt, muss ich nur in ihren Schal
beißen.

Die menschliche Könnte-würde-Welt

Wir leben heute in einer Könnte-würde-Welt, in
der deutliche Ansagen als unhöflich gelten und jenen
vorbehalten bleiben sollen, die noch nicht gelernt
haben, dass man im 21. Jahrhundert so nicht mehr
miteinander umspringt. Managern wird heute sogar
beigebracht, „weiblicher" (also indirekter und vermehrt im Konjunktiv) zu kommunizieren, um ihre
Mitarbeiter bei Laune zu halten. Es ist also überaus
„unchic", klar und deutlich zu sagen, was man
will und was nicht.
Doch es ist nicht fair dem Hund gegenüber, diese
Könnte-würde-Welt auch auf ihn zu projizieren. Fair
ist, ihm gegenüber Ehrlichkeit an den Tag zu legen
und ihm auch einmal zu sagen: „Das will ich nicht."
Das ist etwas, was unsere Hunde verstehen. Damit
können sie umgehen und dadurch können sie die
richtigen Schlüsse für den Umgang mit künftigen,
ähnlichen Situationen ziehen.
Frodo also einmal deutlich mit „Frodo – nein!" zu
verwarnen und ihn dann bei Nichtbefolgung dieser
Warnung seinem Charakter und seiner Persönlichkeit
entsprechend sofort zu unterbrechen, beendet also

Ehrlichkeit
sorgt für Ein-
schätzbarkeit
und Vertrauen
und macht so
ein „Sich-fallen-
lassen-Können"
erst möglich.

nicht nur die Situation wesentlich schneller und ist der
Unversehrtheit des Schals zuträglicher, diese Unterbrechung teilt Frodo auch gleich mit, dass es Situationen ohne „Diskussionsspielraum" gibt und er auch
in Zukunft nach einer derartigen Verwarnung mit
Konsequenzen zu rechnen hat. So kann er viel besser
erkennen, dass ein solches Verhalten nicht angebracht
ist und unterlassen werden soll als durch das zuvor
erwähnte Handgemenge und viele Worte. Und damit
kann er es verstehen.
Gestehen Sie sich und Ihrem Hund also eine ehrliche
Kommunikation zu. Er wird es Ihnen mit Verständnis
und Kooperation danken.

GLAUBWÜRDIGKEIT

Ein glaubwürdiger Hundehalter meint das, was er sagt, auch ernst. In ihm stecken sowohl das Vertrauen in sich als auch die Sicherheit, dass er das, was er verlangt, auch umsetzen kann. Glaubwürdigkeit heißt daher auch, Konsequenzen folgen zu lassen. Wird im vorigen Beispiel Frodo nur mit einem „Frodo, nein!" gedroht, dessen Nichtbeachtung aber ohne Konsequenz bleibt, kann die Ehrlichkeit hinter dieser Geste noch so gut gemeint sein. Frodo wird sie nicht zu schätzen wissen.

Wenn Sie aber schon den nächsten Schritt in petto haben und gedanklich bereits z. B. beim Touchieren des Hundes sind, wird Ihr Hund das erkennen und Frodo im vorherigen Beispiel vermutlich gleich von seinem Vorhaben ablassen, ohne dass man ihn touchieren musste. Das ist keine Zauberei, sondern wieder nur die Meisterleistung der Beobachtungsgabe unserer Hunde: Frodo WEISS, dass es sonst eine Konsequenz gibt, weil er es seinem Frauchen an ihrer Körpersprache ansieht. Glaubwürdigkeit geht also immer mit einer ehrlichen Kommunikation einher und meint im Prinzip nichts anderes, als eine „wenn (nicht) … dann …"-Einstellung, die dem Hund zeigt, dass unerwünschtes Verhalten auch Folgen hat. Und die den Halter damit für seinen Hund einschätzbar und somit zuverlässig macht.

Besonders beim Kommen auf Ruf ist es wichtig, so zu üben, dass man das Geforderte notfalls auch durchsetzen kann.

»Hundehalter sind auch nur Menschen.«

ZEIT UND NERVEN

Ein sehr wichtiger Tipp: Üben Sie mit Ihrem Hund nur, wenn Sie gut geschlafen, ausreichend Zeit und reißfeste Nerven haben. Es kann nämlich sein, dass Ihr Hund seine Nerven genau zum Übungszeitpunkt wegschmeißt, mit einem Potpourri an Alternativblödeleien Ihre Standfestigkeit in puncto Erziehung hinterfragen möchte oder sich die Übungssituation ungeplant so verändert, dass Sie sie nicht mehr kontrollieren können. Nur wenn Sie es schaffen, sich nervlich nicht in dieses Chaos hineinziehen zu lassen, können Sie auch einen kühlen Kopf bewahren und Ihrem Hund ein souveränes Vorbild sein.

Ist der Tag, an dem das große Chaos ausbricht, nicht gerade Ihr bester, nehmen Sie Ihren Hund zähneknirschend an der kurzen Leine zu sich, versuchen möglichst gut durch die betreffende Situation zu kommen und heben sich ein „Erarbeiten" dieses Problems für Tage auf, an denen Sie sich dem auch gewachsen fühlen.

Denn: Ihr Hund spürt Ihre Anspannung und wird natürlich genau dann zu negativer Höchstform auflaufen, wenn Sie ohnehin schon verunsichert oder nicht vollauf handlungsfähig sind.

Oft hilft schon eine andere, augenzwinkernde Herangehensweise in der Einstellung zum Training: Anstatt sich diesem „Problem" zu widmen, versuchen Sie sich doch einmal im Lösen einer neuen Herausforderung! Anstatt sich z. B. mit dem eigenen, bellenden Hund auf dem Weg zum Wald an der Zaunreihe bellender Hunde vorbeiquälen zu müssen, könnte man auch versuchen, wie weit man heute den Abstand wählen muss, um in perfekter, entspannter Leinenführigkeit das Artikulationsbedürfnis seines eigenen Hundes so zu beeinflussen, dass er die „Zaungäste" selbstbewusst links liegen lassen kann.

DIE BEREITSCHAFT, VERANT-WORTUNG ZU ÜBERNEHMEN

Die Voraussetzung für eine vernünftige Hundeerziehung ist die Bereitschaft, die Verantwortung für seinen Hund, sein Wohlergehen und die Integration in sein neues Leben zu übernehmen. Dazu gehört auch, dass man unangebrachte Verhaltensweisen erkennen und beheben möchte.

Denn Hunde sind nicht nur wunderbar, sie sind auch Mistviecher. Ich habe drei davon und weiß, wovon ich rede: Mein Rüde Perikles kann ein oberlehrerhafter Wichtigtuer sein, meine Hündin Sayuri ein ignoranter Trampel und meine Hündin Kylie ein berechnendes kleines Miststück. Hunde sind sich gern selbst die Nächsten, versuchen, ihre Motivationen entgegen dem Rat ihres Menschen und nicht selten zu dessen Leidwesen durchzusetzen, und haben, im Großen und Ganzen, den Opportunismus zu ihrer Lebensphilosophie erklärt.

Diese Betrachtungsweise lässt dem Hund als Wundertier nicht mehr viel Raum. Doch gerade weil ich weiß, dass meine Hunde „auch nur Menschen" sind, die es sich in dieser Welt so bequem wie möglich machen wollen, kann ich auch realistisch mit ihren negativen Eigenschaften umgehen. Und nur damit Sie mich nicht falsch verstehen: Meine Hunde sind die Besten. Aber eben auch Mistviecher.

Realitätsbezogen

In einer verantwortungsvollen Hundeerziehung ist also kein Platz für Vergötte-
rungen, Verharmlosungen, Entschuldigungen und Ausflüchte. Sie beinhaltet
keine Sätze wie „Der tut nichts!", „Er
wollte doch nur spielen" oder „Die machen
das schon unter sich aus!". Denn verantwortungsvolle Halter würden ihre Hunde
zu sich rufen, wenn sie merken, dass
ihre Art dem jeweiligen Gegenüber nicht
geheuer ist. Sie würden erkennen, dass,
wenn ein Yorkshire-Welpe von einem
erwachsenen Malinois gehetzt und ins
Gebüsch „gepinnt" wird, die Verhältnisse
für ein „Es-unter-sich-Ausmachen"
wohl kaum stimmen können.
Eine verantwortungsvolle Hundehaltung
zeichnet sich also durch eine gewisse
Realitätsbezogenheit, das Wissen um den
Hund, Empathie, Kritik dem eigenen
Hund gegenüber und durch die Bereitschaft aus, den Hund auch einmal in
seinem Tun einzuschränken, und ist
gerade deswegen so erfolgreich, weil sie
im Hund das sieht, was er ist: ein Hund.
Mit all seinen Fehlern und Vorzügen.

DIE RICHTIGE AUSRÜSTUNG

Je tiefer man in das Thema Hundeerziehung eintauchen möchte, desto dichter
wird der Dschungel an vermeintlich
notwendigen Hilfsmitteln. Hier den
Durchblick zu behalten, ist selbst für
Profis schwer.

Doch bedenkt man, was das Ziel einer
optimalen Hundeerziehung ist, nämlich
die Orientierung des Hundes an seinem
Halter, bleiben nur noch einige wenige
Hilfsmittel übrig: ein breites, bequemes
Halsband, eine längenverstellbare Leine
(keine Flexileine), eine Schleppleine und
eventuell ein gut sitzender Maulkorb.

DAS RICHTIGE „WERKZEUG"
ZUR PROBLEMBEWÄLTIGUNG

Hat man das richtige „Werkzeug", um
seinem Hund zu erklären, was man von
ihm will, wann er etwas falsch macht
und wie er es stattdessen besser machen
kann, entsteht schnell ein Verstehen,
das Lust auf mehr macht. In der Mensch-

> ## »Wahnsinn! Hundetraining
> ## macht plötzlich richtig Spaß!«
> ### SMS einer Kundin

Hund-Beziehung sind schließlich wir es, die die Regeln aufstellen (oder sollten es sein). Daher ist es unsere Aufgabe, sie so verständlich zu machen, dass der Hund sie auch befolgen kann.

Es sei hier noch einmal erwähnt, wie wichtig es ist, immer das Individuum zu berücksichtigen und kein Schema F über alle Hunde zu legen.

Deswegen, und weil Hundeerziehung so viel mehr ist als das Einüben von Kommandos, ist es auch schwierig, hierzu kompetente, hilfreiche Tipps in Buchform zu geben. Denn was für Hund A zutrifft, kann für Hund B falsch sein. Die nachfolgenden Punkte sind für nahezu alle Erziehungsziele anwendbar:

11 REGELN

1. Definieren Sie Ihre Ziele.
2. Beweisen Sie Durchhaltevermögen.
3. Leiten Sie durch souveränes Auftreten.
4. Setzen Sie die eigene Körpersprache bewusst ein.
5. Stellen Sie eine Orientierung Ihres Hundes her.
6. Führen Sie Ihren Hund schrittweise an seine neuen Aufgaben heran.
7. Unterbrechen Sie unerwünschte Verhaltensweisen.
8. Bestätigen Sie erwünschte Verhaltensweisen.
9. Üben Sie lieber zu kurz als zu lang.
10. Steigern Sie Anforderungen langsam.
11. Nach der Übung ist vor der Übung.

DEFINIEREN SIE IHRE ZIELE

Ist dem Halter nicht klar, was er möchte, ist es dem Hund mindestens ebenso schleierhaft. Höfliche Hunde versuchen durch Anbieten diverser Verhaltensweisen dem Halter ein Potpourri an Möglichkeiten zu geben, aus dem er sich das Gewünschte aussuchen kann. Unhöfliche Hunde setzen beratungsresistent ihren eigenen Lösungsansatz durch.

Überlegen Sie sich daher genau, was Sie von Ihrem Hund wollen. Übernimmt er gerade die Securityfunktion an der Eingangstür des Lokals, in dem Sie sitzen, ist das vermutlich aus mehrfachen Gründen nicht in Ihrem Interesse. Doch anstatt sich zu überlegen, was er nicht machen soll, denken Sie lieber darüber nach, was er stattdessen machen soll. In meinen Verhaltensberatungen erweist sich gerade das oft als schwierigster Schritt. Kunden haben sehr eindeutige Vorstellungen davon, was Ihr Hund nicht oder nicht mehr machen soll. Doch wenn es um die gemeinsam erstellte „Wunschliste" geht, wie sich der Hund stattdessen verhalten soll, ist dies meist ein Findungsprozess.

Dürfen Hunde die Security-Funktion selbstständig übernehmen, oder nur nach Aufforderung?

> »Definieren Sie das, was Sie wollen, und nicht das, was Sie nicht wollen. Das vereinfacht vieles.«

Plan B

Haben Sie ein Ziel definiert, überlegen Sie sich vor dessen Umsetzung, wann, wo und wie Sie es umsetzen möchten bzw. können. Denn wenn etwas nicht klappt, ist es gut, den „Plan B" schon griffbereit zu haben.

„Sitz! Sitz!!! Na gut, dann bleib eben stehen", ist eine Wortkombination, die man in Hundehalterkreisen nicht selten hört. Doch was ist der Subtext dieses Satzes? Der Halter fordert erst etwas von seinem Hund, entlässt ihn dann aber mangels Erfolg und Alternative in die eigene Entscheidungsfreiheit. Oft resultiert dieses Aufgeben aus einer Art Hilflosigkeit der Situation gegenüber: Der Halter weiß nicht genau, wie er das geforderte „Sitz" bei Nichtbefolgung durchsetzen soll (es fehlt also der „Plan B").

SECURITY

Aus Hundesicht sieht die Sache aber ganz anders aus. „Sitz" bleibt durch die fehlende Konsequenz eine Möglichkeit, der man nachkommen kann oder auch nicht. Der Halter wird unglaubwürdig. Ignoriert der Hund die erste Aufforderung, kommt eine zweite, ignoriert er auch die, muss er gar nichts machen. Wird öfter aufgefordert, muss er diese Aufforderungen also einfach nur noch länger ignorieren. (Wir kommen im Kapitel „Signale/ Anweisungen nur einmal geben", noch einmal auf dieses Thema zurück.)

Überlegen Sie also vorher,
– was Sie in welcher Situation von Ihrem Hund wollen,
– ab wann der Hund wieder aus seiner Pflicht entlassen wird,
– wie Sie ein Einhalten dieser Regeln um- bzw. durchsetzen können.

Im Zweifelsfall tritt immer folgende Regel in Kraft: Haben Sie etwas von Ihrem Hund gefordert, müssen Sie es auch durchsetzen. Was uns gleich zum nächsten Punkt bringt.

Standhaft zu bleiben zahlt sich aus, auch wenn es manchmal noch so schwer fällt.

BEWEISEN SIE DURCHHALTE-VERMÖGEN

Bleiben Sie standhaft, auch wenn es schwerfällt. Wenn Sie wissen, was Ihr Hund machen soll und wie Sie ihm „sagen" können, was er zu tun hat, kommt es fast immer darauf an, am Ball zu bleiben und sich weder von treuherzigen Blicken noch von ignorantem Verhalten oder Gegenwehr beeindrucken zu lassen (hier sind wir wieder beim Punkt „Zeit und Nerven").

Setzen Sie um, was Sie sich als Ziel gesetzt haben, egal wie lange es dauert. Und achten Sie dabei auch auf Genauigkeit. Soll der Hund etwa im Bus nicht mitten im Gang liegen, sondern unter Ihrem Sitz, müssen Sie das auch so lange korrigieren, bis der Hund genau dort liegen bleibt, wo er soll. Planen Sie daher immer ausreichend Zeit ein, um den Hund gelassen korrigieren zu können und nicht wegen Termindruck eine halbfertige Übung abbrechen zu müssen.

LEITEN SIE DURCH SOUVERÄNES AUFTRETEN

Ein souveränes Auftreten gehört dazu, wenn man jemanden an seine Aufgaben heranführen möchte. Dieses sollte, wie schon erwähnt, fernab schauspielerischer Darstellungen stehen und hat vielmehr mit der eingangs erwähnten „ehrlichen Kommunikation" zu tun. Souverän auftreten kann man als Hundehalter aber nur, wenn man auch weiß, wohin man will und wie man dorthin kommt. Hier sind wir wieder bei den zuvor erwähnten Zielen.

Souveränität

Souveränität ergibt sich aus der Kombination von sozialer Kompetenz, Fachwissen, Erfahrung und einer gewissen Gelassenheit. Wie aber wirkt man als Hundehalter souverän?

- Souveränen Hundehaltern geht es um das Erarbeiten eines entspannten Miteinanders, ohne Bestechung oder übertriebener Dominanz.
- Sie wissen, dass ihr Hund dabei Fehler oder Faxen machen wird, und werten diese nicht als Rebellion gegen sich, sondern als das, was sie sind: kleine Stolpersteine auf dem Weg in die richtige Richtung.
- Souveräne Hundehalter sind daher auch nicht nachtragend, weil sie wissen, dass ihr Hund mit dieser Gefühlsregung nicht umgehen kann. Sie verstehen, dass Hunde im Moment leben und auch so agieren/reagieren.
- Sie können daher auch ihre momentane Außenwirkung zugunsten des Lernprozesses ihres Hundes hintanstellen. Es ist ihnen also wichtiger, ihren Hund fach- und situationsgerecht zu korrigieren, als eine negative Beurteilung der Umstehenden zu riskieren. (Im Übrigen gibt es Passanten, die sich negativ äußern, egal ob man seinen Hund gerade lobt oder ihn korrigiert.)
- Sie wissen auch, dass Hunde (wie auch wir Menschen) unterschiedliche Tagesverfassungen haben und auch einmal schlecht drauf sein können.
- Sie bleiben daher fokussiert, auch wenn die Vorstellungen ihres Hundes über die „richtige" Verhaltensweise von ihrer eigenen abweicht, und halten so lange durch, bis ihr Hund das Geforderte zuverlässig ausführen kann.
- Sie zögern dabei nie, sondern agieren bzw. reagieren unmittelbar und der Situation angepasst.

Souveräne Hundehalter geben ihrem Hund nach Fehlversuchen und Irrtümern immer wieder die Möglichkeit, die Situation noch einmal „richtig" zu meistern und zeigen ihm so, wie er sie in Zukunft lösen kann.

Wenn Sie loben, loben Sie ruhig und freundlich, weil Sie wissen, dass Sie durch allzu freudige und ausgelassene Stimmung oder eine hohe Tonlage Ihren Hund aus der Konzentration bringen. Souveränität ist also keine Kunst, sondern ein Lernprozess. Doch selbstverständlich machen auch wir Hundehalter Fehler und haben, ebenso wie unsere Hunde, tages- oder situationsbedingte Verfassungen, die ein souveränes Auftreten nicht immer möglich machen.

MEIN TIPP

Trainieren Sie daher nur mit Ihrem Hund, wenn Sie auch die Zeit, Form und vor allem die Nerven dazu aufbringen können, gut geschlafen und den Kaffee aus Ihrer Lieblingstasse getrunken haben. Dann ist es am ehesten möglich, optimistisch, ohne Druck und mit viel Ruhe die jeweiligen Situationen aufzusuchen und den Hund souverän anzuleiten, selbst wenn er zu negativer Höchstform aufläuft.

SETZEN SIE IHRE KÖRPER-SPRACHE BEWUSST EIN

Da Hunde ganzheitlich kommunizieren, ist es in der Kommunikation mit ihnen auch vonseiten des Menschen erforderlich, sich dieser ganzheitlichen Kommunikation bewusst zu werden. Nachdem es uns nicht möglich ist, auf der olfaktorischen Ebene, also der Ebene der Gerüche, aktiv mit unseren Hunden zu kommunizieren und es unseren Hunden wesentlich leichter fällt, unsere Körpersprache richtig zu deuten, als die codierten Botschaften unserer Wörter zu entschlüsseln, bleibt die Körpersprache das Mittel der Wahl in der Kommunikation zwischen Hund und Mensch. Doch auch hier kommt es auf das „Gesamtpaket" an, also die Körperhaltung, die Art der Bewegung und die Körperspannung (Feddersen-Petersen 2008). Und vor allem auf die innere Einstellung, die sich auch in unserer Körperhaltung widerspiegelt. Wichtig: Um mit Hunden optimal körpersprachlich zu kommunizieren, muss man sich nicht wie ein Hund verhalten! Hunde wissen, dass wir Menschen sind und wie wir kommunizieren. Sie wissen also, wann wir versuchen, Verhaltensweisen anzunehmen, die uns nicht entsprechen, und finden

das meist sogar befremdlich. Man muss weder herumgähnen (was übrigens KEIN Beschwichtigungssignal ist), noch „pföteln" oder sich die Lippen lecken (was übrigens auch in der aggressiven Kommunikation vorkommt). Das verwirrt unsere Hunde nur. Denn beherrscht man eine Fremdsprache schlecht oder kann man sie mangels Artikulationsmöglichkeiten nicht eindeutig umsetzen, drückt man nicht selten sogar das Gegenteil von dem aus, was man ursprünglich wollte. Bleiben Sie der Mensch, der Sie sind, und werden Sie sich nur der Wirkung Ihrer „typischen" Bewegungen ein wenig bewusster.

Ob ein Hund sich in einer Umarmung wohlfühlt, hängt von seiner Persönlichkeit und der Beziehung zu seinem Menschen ab.

»In der Kommunikation mit seinem Hund sollte man sich vor allem der eigenen Körpersprache und der Signalwirkung von Emotionen bewusst werden.«

Bewusste Gesten

Denn man muss keine fremden Bewegungen einstudieren, um mit Hunden kommunizieren zu können. Es reicht, wenn man all das, was man schon an körpersprachlicher Erfahrung aus dem zwischenmenschlichen Bereich mitbringt, etwas bewusster einsetzt. Hunde empfinden unsere körpersprachlichen Gesten ähnlich wie wir. Gesten, die wir als einladend oder bedrohlich empfinden, empfinden auch unsere Hunde so. So verstehen sie etwa, wie wir Menschen, einen Schritt zurück mit einladender Geste als Einladung zur Distanzverringerung („Komm auf mich zu"), einen Schritt auf sie zu mit abwehrender Geste als Aufforderung zur Distanzvergrößerung („Geh von mir weg").

Missverständnisse

Oft ist Hundehaltern diese Wirkung ihrer eigenen Körpersprache nicht bewusst und sie schicken ihren Hund z. B. körpersprachlich weg, obwohl sie ihn stimmlich herrufen (wollen). Viele Hunde deeskalieren als Reaktion darauf gern und schauen z. B. weg oder beschnuppern die Wiese, was ihr Halter oft als Ignoranz und Bockigkeit versteht. Missverständnisse und Enttäuschungen sind so vorprogrammiert. Daher gibt es in meinen Stunden meist zuvor eine Lektion zur eigenen Körperwahrnehmung für den Halter, bevor wir uns dem Hund widmen.
Viele hundeliebe Menschen machen oft den Fehler, den Hunden ihre Zuneigung durch intensives Anschauen und übertriebene Berührungen vermitteln zu wollen.

Mein Rüde Perikles etwa empfindet jede Form solcher Zuneigungsbezeugungen als Affront, auch wenn die Menschen es eigentlich nett meinen. Er sucht sich gern selbst aus, von wem er berührt werden möchte und hasst es, angestarrt zu werden. In der Straßenbahn etwa beugen sich Mitfahrende oft zu uns, um meine Hunde besser sehen und vielleicht sogar Blicke mit ihnen austauschen zu können. Sie drehen den Kopf frontal zu ihnen, lehnen sich über sie und reden mit jammernder Stimme auf sie ein. Perikles versucht diesen „Drohungen" zu entgehen, indem er sich unter den Sitz verkriecht und eine unsichere, deeskalierende Haltung einnimmt: Blick abgewandt, Körperhaltung ge-duckt, Rute angezogen. Was unweigerlich zu dem mit einer noch bedrohlicheren Körperhaltung und einer noch jammernderen Stimme begleiteten Satz des Gegenübers führt: „Ja, ja, du Armer, du magst das Straßenbahnfahren nicht, gell!". Scheinen diese Menschen im Vollbesitz ihrer geistigen Kräfte zu sein, mache ich sie meist freundlich darauf aufmerksam, dass mit Perikles alles in Ordnung ist und sein Verhalten nur eine Reaktion auf ihre eigene Körpersprache ist. Nicht selten lasse ich, sofern die Stimmung fröhlich und ausgelassen bleibt, den Fahrgast sich setzen und beuge mich in ähnlicher Weise freundlich lächelnd über ihn. Das ist meist erst der Moment, in dem die Menschen verstehen.

Denn auch wenn die Sprache etwas ganz anderes mitteilen möchte, so achten auch wir Menschen sehr genau darauf, was der Körper sagt, auch wenn uns das nicht immer bewusst ist.

Es ist also in der Kommunikation mit Hunden essentiell, nicht nur ihr Ausdrucksverhalten zu kennen, sondern sich auch der eigenen Körpersprache und ihrer Wirkung auf sie bewusst zu werden. Um Ihnen Peinlichkeiten in der Öffentlichkeit zu ersparen, stellen Sie sich zum Üben daheim vor den Spiegel und versuchen Sie einmal, körpersprachlich einladend zu werden bzw. sich selbst zurückzuschicken. Was müssen Sie machen, damit das bei Ihnen klappen würde? Was bewirkt ein Lächeln dabei, was ein Stirnrunzeln? Wenn Sie sich schließlich selbst glauben, glaubt Ihnen auch Ihr Hund.

STELLEN SIE EINE ORIENTIERUNG IHRES HUNDES HER

Was bedeutet „Orientierung"? Kurz gesagt: Der Hund achtet auf seinen Halter. Für gemeinsame Aufenthalte „draußen" ist sie daher unerlässlich. Der Hund weiß, wo sich sein Mensch befindet, und gleicht sich mit ihm ab. Geht er links, biegt auch der Hund links ab; dreht er um, dreht auch sein Hund. Der „Radius", in dem der Hund sich dabei um seinen Menschen bewegt, ist je nach Situation unterschiedlich: Im „Fuß" ist er sehr klein, im Freilauf auf einer weiten Wiese wird er großzügiger ausfallen.

Für sämtliche erzieherischen Interaktionen ist es also wichtig, dass Sie die Aufmerksamkeit Ihres Hundes haben bzw. bekommen und dass ER sich nach IHNEN ausrichtet und nicht umgekehrt.

Nur wenn Ihr Hund geistig mehr bei Ihnen ist als bei der Wurst, wird er sich auch davon abwenden können. Ein Halter, dessen Hund nur auf Außenreize bzw. das Objekt seiner Begierde fixiert ist, kann keine Kooperation von ihm erwarten.

Kooperationsbereitschaft

Schnuppert sich Ihr Hund beim Training an einer bestimmten Stelle fest, wird es schwierig, ihm ein flüssiges Bei-Fuß-Gehen beizubringen. Achtet er jedoch auf Sie und schaut Sie gelegentlich von sich aus an, ist diese Kooperation der Wegbereiter für eine erfolgreich absolvierte Übung. An dieser Stelle sei mit aller Deutlichkeit vermerkt, dass dies nicht bedeutet, dass Hunde ständig Augenkontakt zu ihren Menschen halten müssen. Ganz im Gegenteil: Hunde, die, stets in die Augen ihres Halters blickend, zackig neben ihm hertänzeln, finde ich persönlich affig. Eine solche Verhaltensweise ist für mich unnatürlich und entspricht eher einem maschinellen Gehorsam, als einem entspannten Miteinander. Wenn Sie mit Freunden spazieren gehen, tänzeln Sie ja auch nicht, ihnen starr in die Augen blickend, nebenher, sondern gehen ruhig nebeneinander und tauschen dabei hin und wieder einen freundlichen Blick. In etwa so sollte auch die Frequenz im Kontakt mit Ihrem Hund sein.

»Ich finde es immer schön, wenn meine Hunde wie kleine Satelliten um mich kreisen.«

Aufmerksamkeit herstellen

Wollen Sie also eine Kooperation von Ihrem Hund, sei es, dass er ein Signal ausführen, an der Leine neben Ihnen her gehen oder sich von der Pizza im Gebüsch abwenden soll, ist es wichtig, dass Sie dafür zuerst seine Aufmerksamkeit sicherstellen.

Das gelingt anfangs am besten über den Namen des Hundes.

Erst wenn hierauf eine Reaktion in Form einer Orientierung an Ihnen folgt, gehen Sie dazu über, das eigentlich Gewünschte von Ihrem Hund zu verlangen. Wenn z. B. Bronko aus der Schlammgrube kommen soll, er aber bereits bei seinem Namen die Ohren zuklappt und in die entgegengesetzte Richtung blickt, können Sie sich das „Hier!" gleich sparen. Wichtig ist auch, dass Sie die Aufmerksamkeit Ihres Hundes so lange haben, bis Sie das Geforderte wieder auflösen.

Gerade im Freilauf und im Bei-Fuß-Gehen ist es besonders wichtig, dass die Orientierung am Menschen zum Job des Hundes wird, und man ihn nicht mehr ständig daran erinnern muss.

Je besser die jeweilige Verhaltensweise schließlich generalisiert ist (Kapitel „EinÜbAn", siehe Seite 160), je reibungsloser sie funktioniert, desto weniger Interaktion und gegenseitige Aufmerksamkeit braucht es dafür: Die Orientierung des Hundes wird zur Selbstverständlichkeit – ein blindes Verstehen entsteht.

FÜHREN SIE IHREN HUND SCHRITTWEISE AN SEINE NEUEN AUFGABEN HERAN

Stehen die Ziele fest, also das, was Ihr Hund einmal können muss, geht es daran, sie zu realisieren. Aber bitte langsam und schrittweise. Alles andere sorgt für Enttäuschungen.

Soll Ihr junger Hund Sie später einmal ins Büro begleiten, nehmen Sie ihn nicht gleich am ersten Tag dorthin mit, um ihn stundenlang unter dem Tisch liegen zu lassen. Beginnen Sie damit, ihm zu Hause das Bleiben auf einem Platz anzugewöhnen. Klappt das in den eigenen vier Wänden gut, können Sie ihn auf einen kurzen Besuch ins Büro mitnehmen.

Soll Ihr neuer Hund Ihnen auf Reisen mit dem Wohnmobil zur Seite stehen, nehmen Sie sich nicht gleich die Tour d'Europe vor. Starten Sie lieber mit einem ausgiebigen Erkundungsgang durch das Wohnmobil und ersten kurzen Fahrten ins Grüne, wo auf ihn ein wunderschöner Spaziergang wartet.

Ihr Hund soll lernen, neben Ihnen bei Fuß zu gehen? Begnügen Sie sich zum Einstieg damit, dass er Ihnen einige Male freiwillig und zügig folgt, wenn Sie die Richtung wechseln.

Das stufenweise, behutsame Einführen des Hundes in seine neuen Aufgaben wie auch das langsame Anlernen neuer Übungen sind für einen dauerhaften Lernprozess wichtig, sorgen für Erfolgserlebnisse und beugen Enttäuschungen auf beiden Seiten vor. Schließlich soll der Hund später gern all das tun, was von ihm verlangt wird.

UNTERBRECHEN SIE UNERWÜNSCHTE VERHALTENSWEISEN

Egal ob Dauerbellen, ein Nagen am Tischbein oder ein massives Zerren an der Leine – die Liste der für uns unerwünschten Verhaltensweisen von Hunden ist lang. Ein Ignorieren ist in den seltensten Fällen zielführend. Meistens führt es sogar zu einer Verstärkung des unerwünschten Verhaltens. Oder würden Sie aufhören, die Sonntagszeitung zu klauen, wenn dies für Sie keinerlei Konsequenzen hätte? Wann aber unterbricht man seinen Hund? Ganz einfach, wann immer das Verhalten des Hundes störend oder einem entspannten Miteinander hinderlich ist bzw. wenn die aufgestellten Regeln missachtet werden.

1

Wie geht man vor?

Unterbrechen kann man auf vielerlei Arten, doch sollte man immer darauf achten, verhältnismäßig und der Persönlichkeit des Hundes entsprechend zu unterbrechen. Von übertriebenen Ein- oder Übergriffen ist an dieser Stelle entschieden abzuraten.

Wie der einzelne Hund am besten zu unterbrechen ist, ist individuell und muss immer auch in der jeweiligen Situation anders entschieden werden. Beim einen Hund reicht ein ruhiges „Nein", den anderen muss man schon dabei antippen und der dritte reagiert erst auf deutliches Touchieren. Beim selben Hund unterbricht man wiederum ein selbstständiges Loslaufen aus einer Übung anders als ein Zuspringen auf Fremde. Wichtig ist, dass Sie stets unmittelbar unterbrechen, also sofort, wenn der Hund das unerwünschte Verhalten zeigt. Nur so kann er die Unterbrechung mit seiner Tat verknüpfen.

Eindeutig und angemessen

Egal was Sie machen, um Ihren Hund zu unterbrechen: Die Unterbrechung sollte verhältnismäßig, aber so deutlich sein, dass sie auch als solche verstanden wird. Lachen Sie dabei (wenn möglich) nicht, denn so werden Sie für Ihren Hund wieder zweideutig und damit missverständlich. Bleiben Sie ernst, aber (wenn möglich) nicht böse, und konzentrieren Sie sich auf die Lösung der Situation. Hier können wir uns z. B. den Umgang einer Hündin mit ihren Welpen zum Vorbild nehmen:

Übertreibt es der Spross mit seinen übermütigen Verhaltensweisen ihr gegenüber, weist die Mutterhündin ihn mit einer deutlichen körperlichen Maßnahme zurecht. Selbst wenn der Welpe aufquiekt, lässt sie in ihrer Zurechtweisung erst nach, wenn er auch wirklich Anstalten macht, sein vorheriges Verhalten zu unterlassen.

> **»Unterbrechungen sollten immer unmittelbar geschehen, verhältnismäßig sein und der Situation sowie der Persönlichkeit des Hundes angepasst sein.«**

2

3

Der Welpe trollt sich daraufhin, oft enttäuscht und etwas geknickt ob dieser Erfahrung. Das lässt die Mutter erst einmal so stehen. Dabei ist sie aber nie nachtragend. Schon kurz darauf bietet sie ihm wieder die Möglichkeit, die gleiche Situation (nun mit entsprechend gebührendem Benehmen) noch einmal „richtig" zu meistern, und belohnt das, meist etwas gedämpfte, Verhalten ihres Welpen sofort mit Zuneigung und Aufmerksamkeit. So lernt der Welpe den Umgang mit ihr und anderen Artgenossen und dadurch wiederum ein angepasstes Sozialverhalten. Natürlich heißt das nicht, dass er diese Zurechtweisung seiner Mutter nie wieder infrage stellen wird. Doch spätestens ab dem 4. oder 5. Versuch wird er einsehen, dass ihm dieses Verhalten nichts als Ärger einbringt, während das von ihr geforderte Verhalten soziale Zuwendung und Harmonie bedeutet. Er lernt also die Regeln des Zusammenlebens mit anderen.

Die Chance, es besser zu machen

Hier können wir mit unserer Erziehung nahtlos anknüpfen. Denn in unserer Welt sind wir es, die unsere Hunde auf das Leben in ihr und den Umgang mit den darin befindlichen Lebewesen vorbe-

reiten müssen. Es ist so einfach und doch so wirkungsvoll, einem Hund beizubringen, was erlaubt ist und was nicht. Man darf nur nicht den Konflikt scheuen, muss sich seiner Rolle als Erziehungsbeauftragter bewusst werden und seinem Hund auch einmal verdeutlichen, wenn eine seiner Verhaltensweisen ungeeignet für ein harmonisches Miteinander ist. Man muss berücksichtigen, wie er am besten lernt, solche Verhaltensweisen zu unterlassen, und ihm nach erfolgreicher Unterbrechung auch wieder die Chance geben, das Gelernte gleich als neuen Lösungsweg für sein weiteres Leben mitzunehmen, indem man ihn in derselben Situation noch einmal entscheiden lässt. Ist diese Entscheidung richtig, erkennt man sie an und gibt seinem Hund das Gefühl, es richtig gemacht zu haben (Ihr Hund merkt es Ihnen zwar ohnehin an, aber so ein unmittelbares Feedback ist trotzdem etwas Schönes). Schließlich möchte man ja seinen Hund nicht unterdrücken oder nur zurechtweisen, sondern ihm die Möglichkeit geben, Situationen später richtig zu lösen und etwas gut zu machen. Das sorgt für Zufriedenheit, Stabilität und Vertrauen. Und lässt auch die vorherige Anspannung schnell wieder vergessen.

1–3
Unterbrechung ist keine Erfindung des Menschen, sondern wichtiger Bestandteil in der Kommunikation von Caniden. Sie sorgt dafür, dass der Hund künftig weiß, wie weit er gehen kann und somit dafür, dass man ihn später für erwünschtes Verhalten loben kann.

BESTÄTIGEN SIE ERWÜNSCHTE VERHALTENSWEISEN

Macht der Hund seine Sache gut, sollte man das auch anerkennen. Doch mit Lob kann man sehr viel richtig, leider aber auch sehr viel falsch machen. Lobt man zu aufgeregt oder im falschen Moment, kann man damit den so hart erarbeiteten Fortschritt wieder zunichtemachen, den Hund damit aus der Konzentration reißen oder sogar ein anderes Verhalten bestätigen, als man wollte. Lobt man hingegen zu oft, ist Lob zur Selbstverständlichkeit geworden und hat kaum noch eine Wichtigkeit. Daher gibt es drei einfache Regeln für richtiges Loben:

Wie lobt man?

Mit ruhiger, freundlicher Stimme, ohne große Aufregung oder allzu hohe Tonlage. Ein kurzes, ruhiges Streicheln (ein „Ausstreichen" Richtung Boden mit ein bis zwei liebevollen Strichen genügt hier), kann das verbale Lob verstärken. Hektische, ausgelassene Berührungen aber bringen den Hund aus der Konzentration und manövrieren vor allem Hunde, die schnell „hochdrehen", wieder in eine aufgeregte und zappelige Grundstimmung. Dies gilt auch für aufgeregtes Lob mit hoher Stimme.

Wann lobt man?

Bei absolvierter Leistung, gleich nachdem der Hund die Übung/Situation richtig gelöst hat. Aber: Bei erfolgreichem Abwenden/Ignorieren von z. B. Wild ist es wichtig, erst zu loben, wenn der Hund die Situation/das Objekt wirklich überstanden, also aus dem Kopf bekommen hat und nicht mehr ständig in Richtung des Wildes blickt, sondern sich wieder entspannt auf andere Dinge konzentriert. Sonst lobt man unter Umständen versehentlich das geistige Erstellen eines alternativen Jagdplans. Lassen Sie das Lob daher in solchen Situationen einfach weg und fordern Sie Ihren Hund lieber nach überstandener Situation (also wenn der Hund sich wieder ruhig anderen Dingen widmet) zwanglos zum freundlichen Sozialkontakt auf, anstatt bis zum richtigen Zeitpunkt für ein Lob auszuharren.

Wie oft lobt man?

Anfangs erkennt man bereits kleinste Fortschritte und Verbesserungen an. Langsam aber sollte man das Lob „ausschleichen", die Anforderungen steigern und Lob nur noch für größere Leistungen verteilen. Hunde sind über Jahrtausende hinweg zur Zusammenarbeit mit uns Menschen selektiert worden und haben meist von sich aus Freude daran, mit uns gemeinsam Dinge zu erarbeiten. Tun sie das nicht, kann es an rassebedingten Eigenschaften liegen (einem Herdenschutzhund etwa wird die Zusammenarbeit für die klassischen Hundeplatzmätzchen schwerer abzuringen sein als einem Hütehund) oder an einem noch nicht gefestigten Verhältnis zum Halter. Meine Erfahrung lehrt mich, dass das Bedürfnis von uns Menschen, Lob an unsere Hunde zu verteilen, meist wesentlich größer ist als jenes unserer Hunde, von uns so ausgiebig gelobt zu werden. Denn sie erkennen ohnehin an unserem Strahlen, was gerade Sache ist.
Lob sollte auch nicht allzu inflationär verwendet werden. Wenn sich jemand ständig über alles furchtbar freut, was Sie machen, wird ein Lob von dieser Person auch für Sie weitaus weniger wert sein als ein Lob von jemandem, der hiermit etwas zurückhaltender umgeht. Je nach Hundetyp und Charakter werden dabei übrigens auch unterschiedliche Maßnahmen als Lob empfunden.
Auch kann alles, was der Befriedigung von Motivationen dient, als Bestätigung eingesetzt werden. (Siehe Kapitel „Das Thema Motivation", Seite 156)

1–3
Damit keine Fragen offen bleiben: Lieber kurz üben, die Anforderungen nur langsam steigern und dem Hund danach am besten Entspannung gönnen, um das Erarbeitete optimal zu verarbeiten.

1

ÜBEN SIE LIEBER ZU KURZ ALS ZU LANG

Ein sehr wichtiger Tipp für ambitionierte Hundeerzieher: Üben Sie lieber mehrmals kurz als selten und dafür lang. Das sorgt dafür, dass das Gelernte sich festigt, die Konzentration erhalten bleibt und der Spaß an der Mitarbeit nicht in Frust umschlägt. Dazu ist vor allem auch der nächste Punkt wichtig:

STEIGERN SIE DIE ANFORDERUNGEN LANGSAM

Ist Ihr Hund schon zuverlässig im Ausführen einer Verhaltensweise, können Sie beginnen, diese zu generalisieren und die Anforderungen langsam zu steigern. Starten Sie also auf einem niedrigen Erwartungs- und Schwierigkeitslevel und wählen Sie eine Anforderung, die der Hund zuverlässig meistern kann. Zerlegen Sie jede Übung in so viele Einzelteile wie nötig! Nehmen Sie sich die Zeit, sich langsam von Stufe zu Stufe zu steigern, und freuen Sie sich, wenn Ihr Hund von sich aus Anforderungsstufen überspringt.

Von leichten zu schwierigen Situationen

Das langsame Steigern der Anforderungen beinhaltet auch die Übungssituationen. Wählen Sie nach Möglichkeit immer einen Ort/eine Situation, dem/der Sie sich gewachsen fühlen.

Erinnern Sie sich z. B. an Ihre erste Fahrstunde: Auf einem Übungsparkplatz fernab vom tatsächlichen Verkehr tastet man sich schneller und unter weitaus geringerem Druck an das richtige Einparken heran. Damit steigt auch der Mut, sich an die nächste Schwierigkeitsstufe heranzuwagen, und man ist durch den niedrigen Erwartungsdruck weniger schnell frustriert. In weiterer Folge werden Sie sich im Straßenverkehr an die ersten machbaren Parklücken herangetraut und sich dann so lange gesteigert haben, bis Sie schließlich ohne nachzudenken einparken. Genauso ist es beim Hundetraining.

Suchen Sie sich also für den Anfang Orte zum Üben, an denen Sie die Ruhe haben, sich der Aufgabe widmen zu können, etwa eine Wiese, ein Platz oder ein kaum

2

3

frequentierter Feldweg. Klappt es an diesem Ort bereits gut, steigern Sie auch hier die Anforderungen langsam, bis Sie Ihr Trainingsziel in sämtlichen Situationen oder sogar an den auslösenden Situationen erreichen können.

Soll ein Hund etwa an anderen Hunden im „Fuß" vorbeigehen können, üben Sie erst das „Fuß" an einem abgelegenen, ruhigen Ort, bis es zuverlässig klappt. Dann suchen Sie sich die nächste Schwierigkeitsstufe und gehen an einem einzelnen, ruhigen Hund vorbei, dann an mehreren usw., bis Ihr Hund schließlich gelassen selbst pöbelnde und zappelnde Hunde passieren kann.

NACH DER ÜBUNG IST VOR DER ÜBUNG

Hat alles geklappt, freuen Sie sich und zeigen das auch Ihrem Hund. Doch behalten Sie im Hinterkopf: Es handelt sich dabei nur um einen Schritt in die richtige Richtung und bedeutet nicht, dass Ihr Hund ab sofort dieser Aufforderung immer folgsam nachkommen wird.

Hundeerziehung ist, wie bereits erwähnt, so viel mehr als bloßes Training und hat mit mindestens zwei Individuen zu tun, die Motivationen, Stimmungen, Erwartungen und Gefühle mitbringen. Dadurch passieren zwangsläufig Fehler und Rückschritte. Und dann ist da noch die Umwelt, die nicht immer so mitspielt, wie man das gern möchte.

Hat eine Übung also bereits zehn Mal geklappt, kann das elfte Mal trotzdem in die Hose gehen. Machen Sie sich nichts daraus, das ist ganz normal. Wichtig ist, nicht enttäuscht zu sein, sondern einfach weiter daran zu arbeiten oder, für den Fall, dass es mehrfach hintereinander nicht klappen sollte, in der Schwierigkeitsstufe wieder einen Schritt zurückzugehen. Der Lernprozess ist also keine linear ansteigende Gerade, sondern hat Höhen und Tiefen. Dieses Wissen nimmt den Erwartungsdruck und erhöht die Chance, das Zusammenspiel von Mensch und Hund zu perfektionieren. Solange die Tendenz in die richtige Richtung geht, sind Sie auf dem besten Weg!

MEIN TIPP

Schreiben Sie sich nicht nur Ihre Ziele auf, sondern notieren Sie auch den Status quo. Oft neigt man nämlich dazu, Fortschritte zu übersehen. Wenn Sie Ihre Notizen später wieder durchlesen, werden Sie erstaunt sein, was bereits alles in Ihren Alltag eingeflossen ist und was Sie schon erreicht haben.

BLINDES VERSTEHEN

Aus dem kleinen Neuzugang einen entspannten Begleiter zu
machen ist keine Hexerei. Man muss nur wissen wie!

Der beste Weg zur Flauschigkeit

In den vorangegangenen Kapiteln haben wir gesehen, worauf es in der Hundeerziehung ankommt, was Sie dabei voranbringt und was Sie behindert. Für ein besseres Verständnis finden Sie hier noch einmal alle Tipps und Tricks im Überblick:

ERST BASISARBEIT, DANN SPITZEN-LEISTUNGEN

Das Kommen auf Ruf unter großer Ablenkung ist die Königsklasse der Hundeerziehung. Werden hier nicht zuvor wichtige Gesichtspunkte im Zusammenleben und der Erziehung geklärt, kann diese „einfache" Sache nicht funktionieren. Ohne regelmäßiges Training (auch Kraft- und Ausdauertraining), mentale Stärkung und die richtige Ausrüstung wird ja auch niemand Ski-Abfahrtsweltmeister. Ebenso ist es in der Hundeerziehung.

Ist also das Zusammenleben zu Hause noch nicht geregelt, ist Frustrationstoleranz für den Hund noch ein Fremdwort, und hat er, abgesehen vom ersehnten Kommen auf Ruf, noch keinerlei Einschränkungen in seinem Leben erfahren, liegt das Befolgen dieses Signals auch noch in weiter Ferne.

ERST AM „INNENLEBEN" ARBEITEN ...

Wer seinem Hund zu Hause alles durchgehen lässt, ihm keine Regeln des Zusammenlebens vorgibt und keine Grenzen setzt, der darf auch nicht erwarten, dass er draußen auf ihn hört. Funktioniert im Gegenzug eine Verhaltensweise draußen überhaupt nicht, ist es meist das „Innenleben", das als Erstes verändert werden muss.

Gerade das ist aber oft die härteste Prüfung für den Menschen, denn „zu Hause ist er ja so brav!". An dieser Stelle lüfte ich bereitwillig ein großes Geheimnis der Hundeerziehung: Der Hund ist zu Hause auch nicht braver als draußen. Er hat nur nichts, worüber er sich aufregen könnte: Der Platz ist warm, das Futter pünktlich und der Butler stets bereit.

Sind Sie für Ihren Hund also außerhalb der eigenen vier Wände Luft, wäre es an der Zeit, in Ihrem Zuhause etwas an Ihren Beziehungsstrukturen und den täglichen Gewohnheiten zu verändern und dem Hund z. B. das Recht, auf der Couch zu liegen, so lange zu entziehen, bis die Verhältnisse Ihres Zusammenlebens eindeutig geklärt sind. Denn: Nicht alles ist selbstverständlich.

> **»Ich will keine allgemeinen Dinge trainieren. Ich will nur, dass mein Hund kommt, wenn ich ihn rufe.«**
>
> **Dieser Satz bringt mich regelmäßig zum Schmunzeln.**

Hunde müssen nicht im Bett schlafen, am Tisch mitessen oder verwöhnt werden. Wenn Sie aber doch der Meinung sind, dass dies zum Leben mit Ihrem Hund dazugehört, dann betrachten Sie diese Möglichkeiten als Privilegien, die er sich erst erarbeiten und verdienen muss. Das schließt auch das Benehmen „draußen" mit ein.

SCHENKEN SIE IHREM HUND AUCH EINMAL FREIZEIT

Stellen Sie sich vor, sie stünden den ganzen Tag unter Beobachtung Ihres Teamleiters oder Ihrer Eltern. Unter freundlicher Beobachtung zwar, aber unter Beobachtung. Immer, wenn Sie Blickkontakt herstellen, kommt sofort ein Feedback, immer wenn Sie sich bewegen, wird darauf, wenn auch nur kurz, reagiert. Wann hätten Sie das Gefühl, „frei" zu haben? Und wann hätten Sie Gelegenheit, sich einmal dort zu kratzen, wo es sich nicht ganz so schickt? Richtig. Nie.

Unsere Hunde wollen auch mal ungestört sein und abschalten können. Das fällt den meisten Hunden schwer, wenn der Mensch sie ständig „überwacht". Vor allem Arbeitsrassen wie z. B. Hütehunde neigen dazu, sich sonst nie „freizunehmen", da sie gern Blickkontakt mit Arbeitseinsatz verwechseln. Solche Hunde muss man oft regelrecht zur Ruhe zwingen, indem man sie an eine abgeschottete Box gewöhnt und ihnen behutsam beibringt, dass Freizeit auch etwas Schönes ist.

Geben Sie Ihrem Hund daher bewusst „frei", lassen Sie ihn links liegen, sprechen Sie ihn nicht an, schauen Sie ihn nicht an und lassen Sie ihn sich zurückziehen. Das sorgt für entspannte Nerven und Ausgeglichenheit.

1–3
Hunde müssen auch mal frei haben, um zu graben, zu schlafen, sich schmutzig machen zu dürfen und ganz Hund sein zu können.

WENIGER IST MEHR

Das Sprichwort „Reden ist Silber, Schweigen ist Gold" trifft auch auf die Hundeerziehung zu. Wer seinen Hund den ganzen Tag über mit Worten zuschallt, ihn ständig berührt und liebkost, wird aus ebendiesen Gründen bald von seinem Hund ignoriert und nicht mehr ernst genommen.

Man braucht manchmal einfach jemanden, bei dem man sich aussprechen oder anlehnen kann. Da sind unsere Hunde oft die besten Zuhörer, und das ist hin und wieder auch gut so. Doch den ganzen Tag über auf seinen Hund einzureden, ihn ständig zu streicheln und zu herzen, ist egoistisch und nervt den Hund mehr, als es ihn freut. Geht man hingegen sparsam mit solchen Zuneigungsbekundungen um, setzt sie ganz bewusst zu bestimmten Zeiten und als Bestätigung für erwünschtes Verhalten ein, hat man als Mensch eine hohe Wertigkeit für seinen Hund. Und Ihr Hund wird Sie viel mehr zu schätzen wissen.

FRUSTEN, FRUSTEN, FRUSTEN

Soll Ihr Hund sich zu einem entspannten Begleiter an Ihrer Seite entwickeln, ist eines unerlässlich: Frustrationstoleranz. Sie entscheidet darüber, ob der Hund es aushalten kann, dass seine Wünsche nicht in Erfüllung gehen, er also z. B. ruhig auf etwas warten oder einen pöbelnden Hund ignorieren kann oder nicht. Frustrationstoleranz erlernt man nur durch – wer hätte es gedacht? – Frustration. So wie auch wir Menschen im Lauf unseres Lebens lernen müssen, angemessen mit Enttäuschungen und Impulsen umzugehen, nicht zu drängen, uns auch einmal zurückzunehmen und geduldig

Dinge abzuwarten, so müssen auch unsere Hunde langsam an dieses „Aushalten" von unerfüllten Motivationen herangeführt werden. Sorgen Sie also dafür, dass mehrmals am Tag die Wünsche Ihres Hundes nicht oder nicht sofort in Erfüllung gehen. Es ist zu seinem Besten. Denn Frustrationstoleranz sorgt für Ruhe und Ausgeglichenheit und damit vor allem für Entspannung und Gesundheit. Wenn Ihr Hund also z. B. warten muss, bis sein Futter auf dem Boden steht, der Freilauf erst beginnt, wenn der Weg bis zum Wald im vorbildlichen „Fuß" absolviert wurde oder er erst aus dem Auto aussteigen darf, wenn er trotz geöffneter Kofferraumklappe geduldig sitzen bleibt, sind Sie kein Unmensch (Blümel 2016). Sie lieben Ihren Hund nur zu sehr, als dass Sie wollen, dass er gestresst durchs Leben laufen muss.

DIE MÖGLICHKEIT, SICH HUNDE-WÜNSCHE ZU VERDIENEN

Das kennen Sie sicher von sich: Über Dinge, die man sich erarbeitet hat, freut man sich am meisten. Erfolge, die man selbst erreicht hat, zählen doppelt, und die Fehler, die man auf dem Weg dorthin gemacht hat, sind oft die größten Lehrmeister für künftige Herausforderungen. Verwehren Sie Ihrem Hund also nicht diese wichtige Erfahrung und lesen Sie ihm nicht jeden Wunsch von den Augen ab: Lassen Sie ihn sich seine Wünsche verdienen! Sei es ein schöner Spaziergang, das tägliche Futter oder ein ausgelassenes Spiel mit den liebsten Artgenossen – einfach alles, was Ihr Hund möchte, kann hierfür genutzt werden. Etwa, indem er darauf warten oder Sie vorher „fragen" muss, ob er auch darf, indem er mit Ihnen kooperieren muss oder Sie eine bestimmte Verhaltensweise von ihm fordern, die er zuvor ausführen soll. Das hilft, dass Ihr Hund nicht alles als selbstverständlich erachtet, Sie in solchen Momenten des „Wollens" nicht ausblendet und die Frustrationstoleranz des Hundes ganz nebenbei auch noch gesteigert wird. Und: Das Sich-selbst-Wünsche-erfüllen-Dürfen ist eine wunderbare Motivation zur Kooperation.

DAS THEMA MOTIVATION

Wie wir schon zu einem früheren Zeitpunkt festgestellt haben: Hunde arbeiten gern und meist sogar freiwillig mit uns zusammen. Mit diesem Wissen und den Worten aus dem obigen Kapitel ist das leidige Thema, wie man möglicherweise einen Hund zur Zusammenarbeit motivieren kann, auch schon erklärt: Sie selbst und all das, was Ihr Hund möchte, sind seine Motivation! Wenn er also mit Freunden spielen möchte und er nach erfolgreicher Kooperation mit Ihnen spielen darf, ist das Ansporn genug. Alltäglichkeiten wie Freilauf, Spiel oder Futter können also bereits als Motivationsquellen dienen, indem sie erst erlaubt werden, wenn der Hund zuvor entspre-

chend kooperiert hat (z. B. Freilauf nur nach entspannter Leinenführigkeit). So lernt der Hund auch, dass nicht alles selbstverständlich ist und somit die Kleinigkeiten Ihres gemeinsamen Alltags mehr zu schätzen. Und kann man ihm seinen Wunsch trotz bester Kooperation nicht erfüllen, etwa weil die Katze generell nicht gejagt werden soll oder weil er den Giftköder auch nach Befolgen des „Nein!" nicht fressen darf, dann bleibt es eben bei der erfolgreichen selbstbelohnenden Kooperation mit seinem Menschen.

Gelegentliche Goodies

Verstehen Sie mich nicht falsch: Ich bin nicht grundsätzlich gegen den Einsatz von Futter oder Spielzeug. Gegen gelegentliche Goodies oder „Eisbrecher" gibt es nichts einzuwenden. Wenn aber Futter eingesetzt wird, um ein Verhalten zu bekommen bzw. zu vermeiden, einen Hund also zu etwas zu überreden oder von etwas abzulenken, dann sind diese „Hilfsmittel" abzulehnen. Dann nämlich verändern sie nicht das Verhalten des Hundes, sondern nur das Verhalten des Menschen (Griff zum Leckerli), um seine Bewegungen und seinen Fokus zu bekommen. Sie helfen dem Hund dabei aber nicht dauerhaft, mit der betreffenden Situation anders und angemessen umzugehen. Beim Ablenken oder Umlenken handelt es sich also im Großen und Ganzen lediglich um das Formen von Bewegungsmustern und nicht um nachhaltiges soziales Lernen.

Freund sein

Bevor Sie sich nun also mit Leberwursttube, gekochtem Fleisch und/oder diversen Spielzeugen bestücken, um Ihrem Hund auch draußen ein Freund sein zu können, sei Ihnen an dieser Stelle versichert, dass ein Hund nichts, aber auch gar nichts anderes zur Motivation braucht als seinen Menschen, der für ihn sorgt, ihm zeigt, wie er mit seiner Umwelt am besten zurechtkommt, und an dessen Seite er wunderbare Unternehmungen machen darf.

Degradieren Sie sich selbst also nicht zum Futter- oder Spielzeugspender Ihres Hundes, sondern arbeiten Sie an einer guten, vertrauensvollen Beziehung mit ihm, Ihrer Glaubwürdigkeit und Ihrer Führungskompetenz in Konfliktsituationen. So wird Ihr Hund auch auf Ruf kommen, wenn er gerade mit Freunden spielt, denn er weiß, dass sein bester und wichtigster Freund ihn gerade gerufen hat, um ihn mit nach Hause zu nehmen. Und das ist wohl die schönste Motivation, zu kommen.

»Die Freude an der Zusammenarbeit, das Erfüllen der eigenen Wünsche und das harmonische Miteinander mit seinem Menschen genügen dem Hund als Motivation.«

ERLAUBEN – VERBIETEN

Oft werde ich gefragt, was man denn seinem Hund alles erlauben bzw. verbieten soll. Darauf habe ich nur eine einzige Antwort: „Das kommt darauf an, was SIE von Ihrem Hund wollen." Daher ist es auch bei diesem Thema wichtig, sich bewusst zu werden, was man von seinem Hund will und was nicht. Um solche Regeln und Grenzen nicht in jeder Situation aufs Neue aufstellen zu müssen, ist eine Einteilung in folgende drei Bereiche hilfreich: Erstens: All das, was so lange erlaubt ist, bis diese Erlaubnis wieder aufgehoben wird. Zweitens: All das, was nur dann gemacht werden darf, wenn man es als Mensch auch erlaubt. Und drittens: All jene Dinge, die grundsätzlich verboten sind. Als Halter tut man sich dabei am leichtesten mit folgenden Sätzen:

„Nur bis ich sage ..."
Der Hund darf etwas so lange, bis man es unterbricht/verbietet (z. B. auch auf der Couch liegen). Es ist also so lange erlaubt, bis man diese Erlaubnis aufhebt.

„Nur, wenn ich sage ..."
Der Hund darf etwas nur nach Aufforderung (z. B. aus dem Kofferraum springen). Es ist also nur dann erlaubt, wenn man den Hund dafür freigibt.

„Ohne, dass ich sage ..."
Der Hund darf etwas generell nicht (z. B. auf die Anrichte springen). Es ist also grundsätzlich verboten.

DOLMETSCHER KÖRPERSPRACHE

Kann man die Körpersprache von Hunden lesen und seine eigene Körpersprache bewusst einsetzen, hat man bereits die größte Hürde in der optimalen Kommunikation mit seinem Hund genommen. Denn Hunde verstehen uns in erster Linie analog, also nonverbal (Feddersen-Peter-

sen 2008). Mit der durch Worte verschlüsselten digitalen (also verbalen) Kommunikation können sie nichts oder nur wenig anfangen, weil sie sie nicht entschlüsseln können. Missverständnisse sind also vorprogrammiert.

Reden Sie daher mit Ihrem Hund in einer Sprache, die er auch verstehen kann, und texten Sie ihn nicht mit Erklärungen oder Geschichten zu. So stoßen Sie auch nicht auf taube Ohren.

AUSMISTEN VON UNRENTABLEN VERHALTENSWEISEN

Rationalisieren Sie alles weg, was nichts bringt.

„Lilly, hier, komm her, da, bei mir, hier, hier, Lilly, hier!!! Ja, gibt's, denn das?" wäre z. B. ein Satz, bei dem man sich alles, was nach den ersten beiden Wörtern folgt, sparen könnte. Wirft sich der Hund beim Anblick eines Artgenossen nach vorn in die Leine und hilft auch das zweite Zurückziehen des Hundes nichts, ist es wenig sinnvoll, auch noch ein drittes Mal daran zu zerren. Hier kommt wieder unser Plan B ins Spiel: Einmal den Hund mit Namen und Kommando/Unterbrechungssignal ansprechen und dann sofort eine der Situation und dem Hund entsprechende Unterbrechung durchführen, wenn dieser nicht reagiert. Und (wie wir ja auch schon wissen) dem Hund anschließend die Gelegenheit geben, das Ganze noch einmal in derselben Situation zu wiederholen und richtig zu machen. Verhaltensweisen, die nicht zielführend sind, können Sie also mit gutem Gewissen aussortieren, denn sie bringen weder Sie noch Ihren Hund weiter. Überlegen Sie sich lieber schon im Vorfeld einen Plan B. Denn wenn Sie immer wieder dasselbe machen, dabei aber veränderte Ergebnisse von Ihrem Hund erwarten, stehen Sie sich selbst bei der Entwicklung zum optimalen Team im Weg.

1

2

3

„EINÜBAN"

Nein, das ist kein Rechtschreibfehler, sondern eine Abkürzung, die Ihnen die nächsten Schritte erleichtern soll. Es geht hierbei um das richtige Aufbauen von Übungen in drei Schritten:

1. **Einlernen** Dem Hund wird beigebracht, was er machen soll und wie er das Geforderte umsetzen kann (z. B. Stehenbleiben an der Kante des Bürgersteigs).

2. **Üben** Weiß der Hund, was zu tun ist, geht es ans „Generalisieren", also an das Verselbstständlichen der Übung, indem man langsam die Anforderungen an den Hund steigert und immer schwierigere Situationen aufsucht (z. B. Stehenbleiben an der Kante des Bürgersteigs aus dem Gehen heraus unter Ablenkung oder trotz Locken von der anderen Seite).

3. Anwenden Das Gelernte ist gefestigt und kann bereits in unterschiedlichen Situationen umgesetzt werden. Nun geht es ans Einbauen in den Alltag. So wird die Übung zur Selbstverständlichkeit. Man muss es nicht mehr einfordern, der Hund erbringt die Leistung von sich aus (z. B. bleibt bei jeder Bürgersteigkante automatisch stehen).

Es empfiehlt sich also immer, schon frühzeitig mit dem Üben neuer Situationen und Anforderungen zu beginnen, BEVOR man sie im Alltag benötigt, um sie rechtzeitig und fachgerecht einlernen zu können. Hat man diese Möglichkeit aber nicht (mehr), ist es sinnvoll, die Anforderung im Alltag noch nicht zu verlangen und sie getrennt von Alltagssituationen extra zu üben. Hat man z. B. einen erwachsenen Hund übernommen, ohne ausreichend Zeit gehabt zu haben, ihn vorab auf seine Aufgaben vorzubereiten, ist es besser, ihn erst an der Leine kurz zu nehmen, wenn man ein „Fuß" brauchte, und es an anderer Stelle möglichst täglich zu üben (erst in ruhiger Umgebung, dann mit ersten kleinen Ablenkungen usw.), als dieses Bei-Fuß-Gehen von jetzt auf gleich von ihm zu verlangen. Erst wenn man am Ende der Übungsphase angelangt ist, ist der Hund dann auch so weit, das gewünschte Verhalten dort auszuführen, wo es bisher eine Herausforderung war.

TRAININGSMANAGEMENT

Nicht immer hat man also die Möglichkeit, Kommandos oder Verhaltensweisen so zu üben, wie man möchte. Egal, ob man von der Situation des Hundehalter-

daseins überrumpelt wird, ob man keinen Zugang zu einer eingezäunten Wiese hat, um den Freilauf üben zu können, ob man bestimmte Dinge einfach nicht verhindern kann (z. B. dass Menschen an der Tür klingeln) oder ob man in dem Moment weder die Kraft noch die Ruhe aufbringen kann, seinen Hund fachgerecht zu unterbrechen.

Hier ist wichtig, sich vorab zu überlegen, wie man im Training die jeweilige Situation verändern muss / kann, damit das Durchsetzen des Geforderten auch möglich ist. So kann z. B. beim Kommen auf Ruf eine Schleppleine oft mehr bewirken als ein eingezäunter Platz, da ich die Möglichkeit habe, auch aus der Entfernung gut auf meinen Hund einzuwirken. Und auch in einer Besuchssituation, die Ihr Hund noch nicht so entspannt sieht, empfiehlt es sich, dem Hund zu Hause die Leine und falls nötig auch den Maulkorb anzulegen, um ihn bei einer Nichtbefolgung schneller erwischen und korrigieren zu können bzw. den Besuch vor möglichen Verletzungen zu schützen. Überlegen Sie also auch, welche Hilfsmittel für Ihr Training sinnvoll sind, und lassen Sie sich hierbei gern von fachlich qualifizierten Hundetrainern beraten.

WOFÜR BRAUCHE ICH DAS?

Mit diesem Wissen fällt es leichter, seine Ziele vorab zu definieren. Denn so kann man sich bei jeder Übung vor Augen führen, wo im Alltag sie später ihren Platz haben wird. Und mit dieser Realitätsbezogenheit und Zukunftsfreude geht man gleich viel leichter an die Umsetzung von Erziehungszielen heran.

1–3
Die Ausbildung eines Hundes sollte stets auch den jederzeit kontrollierbaren Freilauf des Hundes zum Ziel haben. Nur so kann man ihm auch die Möglichkeit bieten, Hund zu sein.

———

Nach dem Training gönnt man dem Hund im Idealfall kurz Ruhe und Entspannung, um das eben Erlernte zu verarbeiten. Ein kurzes Schläfchen nach getaner Arbeit festigt das Gelernte besonders gut.

ÜBUNGEN SCHRITTWEISE AUFBAUEN

Zur Verwirklichung Ihrer Erziehungsziele gehört, dass Sie sie in kleine Schritte zerlegen. Das sorgt für Erfolgserlebnisse, beugt Frust und Enttäuschungen vor und lässt Ihren Hund mit Freude „am Ball" bleiben.

Soll der Hund z. B. sitzen bleiben, auch wenn Sie sich entfernen, beginnen Sie am besten mit der Übung „Sitz" (zu Aufbau und Durchführung von Signalen kommen wir noch in den nächsten Kapiteln). Loben Sie bei erfolgreicher Absolvierung und üben Sie so lange, bis Ihr Hund sich zuverlässig auf Ihr Signal hin setzt. Erst dann verlangen Sie von ihm, einige Sekunden zu warten, bis er wieder aufstehen darf – anfangs nur wenige Sekunden, später immer länger. Klappt dies bereits zuverlässig, auch über eine Minute hinweg, kommt der nächste Schritt: Sitzt Ihr Hund bereits einige Sekunden, entfernen Sie sich wie zufällig einen Schritt nach hinten und gehen Sie gleich wieder vor. Danach entlassen Sie Ihren Hund wieder aus der Übung. Klappt dies zuverlässig, steigern Sie die Anzahl der Schritte von Mal zu Mal, bis Sie gehen können, wohin Sie wollen, und Ihr Hund so lange im Sitz bleibt, bis Sie ihn wieder aus der Übung entlassen.

Klappt eine bestimmte Dauer oder Distanz mehrmals hintereinander nicht, ist diese Anforderung zu schwierig gewählt oder die Konzentration nicht mehr vorhanden. Gehen Sie für einen positiven Trainingsabschluss wieder einen Schritt zurück und verkürzen Sie z. B. die Dauer. Gestalten Sie die Übung also so einfach, dass der Hund sie gut bewältigen kann und bauen Sie nächstes Mal darauf auf.

Woher soll er wissen, dass Sie JETZT wollen, dass er sich setzt, und nicht irgendwann später?

Wenn Sie Ihren Hund also nicht zusätzlich verwirren, seine Ignoranz Ihnen gegenüber fördern und für ihn glaubwürdig bleiben wollen, geben Sie Anweisungen nur einmal und korrigieren Sie ein Nichtbefolgen WORTLOS innerhalb von 2 Sekunden. So weiß Ihr Hund in Zukunft auch, dass Sitz wirklich Sitz bedeutet, kein Raum für Diskussionen offenbleibt und das Signal auch sofort auszuführen ist. Auch Sichtzeichen sind übrigens Kommandos. Das hieße in unserem Beispiel, „Sitz" dann nicht auch noch einmal stumm mit erhobenem „Zeigefinger" zu fordern.

SIGNALE RICHTIG ANLERNEN

Im richtigen Aufbau von Signalen bzw. Anforderungen unterstützt Sie die Regel der 4A.

Zum Thema Orientierung habe ich im vorigen Kapitel (siehe Seite 127) geschrieben. Doch mindestens ebenso wichtig für eine erfolgreiche Übung ist auch das Auflösen des Geforderten. Denn jede Anweisung, die der Hund selbst auflösen kann, stellt er später automatisch infrage. Daher ist es besonders wichtig, auch darauf zu achten, dass der Hund die Anweisung so lange ausführt, bis man sie auflöst.

SIGNALE/ANWEISUNGEN NUR EINMAL GEBEN

Einer der häufigsten Fehler in der Hundeerziehung ist die Kommandoschleife: „Sitz. Sitz! Sitz!!!" Dazu habe ich gleich zwei Fragen an Sie: Ab welchem „Sitz" soll sich der Hund denn setzen? Und:

DIE 4 A	BEDEUTEN	BEISPIEL
ANSPRECHEN	Name sagen	„Max"
ANWEISUNG GEBEN	Signal geben	„Sitz"
ACHT GEBEN	Auf Einhaltung achten	5 Sekunden warten
AUFLÖSEN	Signal auflösen	„Lauf"

**ZUM BESSEREN VERSTÄNDNIS HIER
EINE EINFACHE GRAFISCHE ZUSAMMENFASSUNG:**

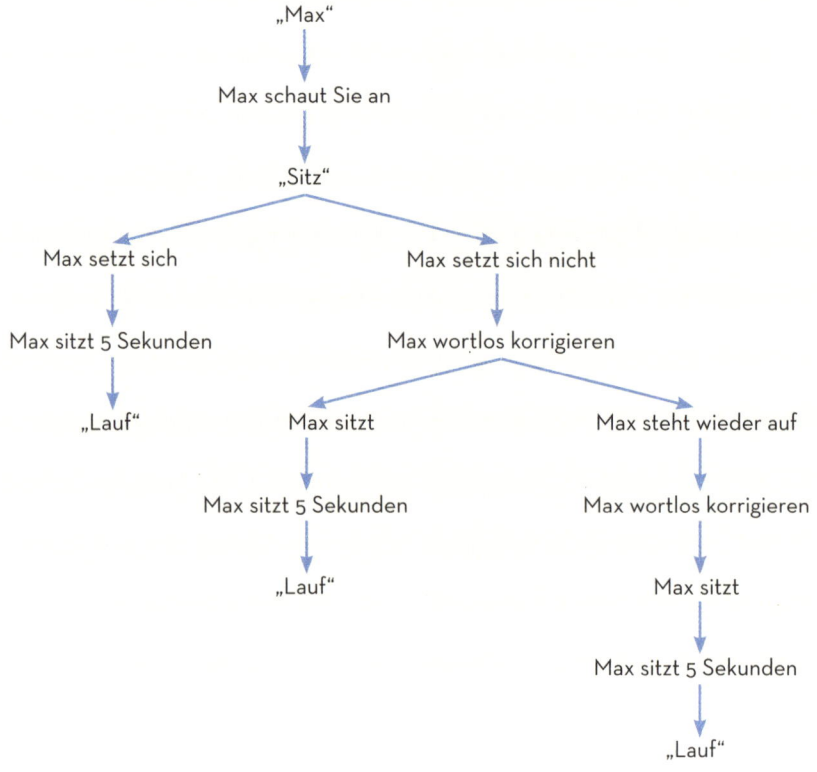

DIE 3 : 1-REGEL

Ist Max bei der Übung zuvor wieder aufgestanden, bevor Sie es Ihm erlaubt haben, oder hat er sich erst gar nicht gesetzt, tritt sofort die 3 : 1-Regel in Kraft: Für jeden Fehlversuch muss die Übung anschließend gleich dreimal hintereinander in der gleichen Lernsituation fehlerfrei klappen. Das sorgt nicht nur dafür, dass das Gelernte sitzt, ganz nebenbei werden Sie auch ein Stück glaubwürdiger für Ihren Hund: Er kommt einfach nicht aus der Nummer heraus, bis er sie nicht so absolviert, wie Sie es ihm vorgeben. Denn: Klappt es zwei Mal und beim dritten Mal nicht, setzt sich der Zähler wieder auf null!

Einfachste Übung, denken Sie? Weit gefehlt. Nicht selten stellen Hunde dabei ihren Menschen auf eine echte Geduldsprobe, stellen sich taub, blind oder blöd oder erbringen schauspielerische Glanzleistungen, um das Geforderte nicht dreimal hintereinander umsetzen zu müssen.

Bringen Sie für Erziehungsmomente viel Zeit und gute Nerven mit

Wenn Sie nämlich gerade dann unter Zeitdruck stehen oder ein Geduldsfaden reißt und Sie die Übung abbrechen, lernt Ihr Hund nur, sich das nächste Mal noch ein wenig länger taub, blind oder blöd zu stellen.

Schwierigkeitsgrad langsam steigern

Um das Gelernte zu festigen und dauerhaft im Hundehirn zu verankern, generalisiert man es am besten durch Ablenkungen, Verleitungen oder veränderte Bedingungen.

Beispiele hierfür wären etwa die Verlängerung der Dauer, bis der Hund wieder freigegeben wird, das Einfordern des Gelernten an unterschiedlichen Orten, das Provozieren einer Ablenkung (z. B. der beste Freund steht auf der anderen Straßenseite), das Entfernen vom Hund, während er das Geforderte ausführt, usw.

Sonst entsteht schnell der „Hundeplatz-Effekt" und der Hund kann z. B. perfekt an einem Ort 20 Hunde an sich vorbeilaufen lassen, ohne mit der Wimper zu zucken, sobald es jedoch auf die Straße geht, sieht die Sache ganz anders aus.

Beim Thema Schwierigkeitsgrad ist zu beachten, entweder das eine oder das andere zu verändern und nicht z. B. die Dauer zu verlängern, während man auf der gegenüberliegenden Straßenseite den halben Hundefreundeskreis versammelt hat. So würden Sie Ihren Hund nur überfordern.

PROVOZIEREN SIE FEHLVERHALTEN

Seien Sie ruhig hundsgemein und provozieren Sie Fehler Ihres Hundes, sobald das Gelernte wirklich gut sitzt. Denn auch das Leben hält Überraschungen bereit, die man nicht vorhersehen kann. Trotzdem sollten Sie sich auch in diesen Situationen auf ihn verlassen können. Ihr Hund ist also in jeder Situation ein Meister des ausgeführten „Nein!"? Dann bitten Sie doch eine Freundin, sich mit ihm ein Wurstbrot zu teilen, und schauen Sie, ob das tatsächlich stimmt. Er geht in jeder Situation bei Fuß? Lassen Sie einfach überraschend einen guten (und beliebten) Freund am Feldweg auftauchen, der ihn nach Leibeskräften zu sich lockt, um ihn endlich begrüßen zu können.

Mit Ablenkungen und Provokationen zu arbeiten, hat nichts damit zu tun, seinen Hund nicht zu mögen. Ganz im Gegenteil. Nutzt man derlei Situationen als „Stellvertreter" für spätere Konflikte, um seinen Hund zu testen, kann man mit dem daraus gewonnenen Wissen auch besser den Alltag bewältigen. So weiß man, ob man seinem Hund schon vertrauen kann und in welchen Situationen man noch etwas nachjustieren muss.

Fehlverhalten zu provozieren mag hundsgemein erscheinen, ist jedoch ein wichtiger Eignungstest für künftige Situationen

RICHTIG BELOHNEN

Belohnen Sie während der Phase des Ein-lernens das jeweilige Verhalten immer, bis es zuverlässig sitzt. In der Übungs-phase reduzieren Sie das Anerkennen von Leistungen auf eine variable Belohnung in unterschiedlichen Intervallen. In der Anwendungsphase werden schließlich nur herausragende Leistungen belohnt. Das festigt das Gelernte nicht nur am besten, es sorgt auch dafür, dass der Hund die Anerkennungen sehr zu schätzen weiß. Was für den jeweiligen Hund die richtige Belohnung ist, hängt vom Individuum ab: Etwa ein freundliches Wort, eine ange-nehme Berührung oder auch nur ein fröh-liches Augenzwinkern zeigen Ihrem besten Freund, dass er seine Sache gut gemacht hat. Und selbstverständlich sind auch er-füllte Wünsche eine schöne Belohnung.

UNTERBRECHEN SIE EHRLICH UND SACHLICH

Bleiben Sie beim Unterbrechen uner-wünschter Verhaltensweisen ehrlich, sachlich und verhältnismäßig. So versteht Ihr Hund die Maßnahme auch als das, was sie ist, und kommt so viel eher zum Ziel, als wenn er erst mit einer höflichen Diskussion verwirrt und daraufhin (oft völlig überzogen) angeschnauzt wird. Ge-ben Sie Ihrem Hund lieber die Möglich-keit, nach erfolgreicher Unterbrechung dieselbe Situation noch einmal mit ange-passtem Verhalten zu durchlaufen, um ihn für sein richtiges Verhalten loben zu können. So lernt er schnell, was von ihm in welcher Situation verlangt wird und kann es künftig schon bald von sich aus anbieten. Er weiß also, was zu tun ist. Das richtige Unterbrechen im Überblick:

UNERWÜNSCHTE VERHALTENSWEISE UNTERBRECHEN

Soll der Hund stattdessen etwas anderes machen?

Ja
(z. B. er soll zu mir kommen)

Nein
(z. B. er soll nur aufhören zu bellen)

Ihm zeigen, was er machen soll

Dabei belassen

Anerkennen, wenn er es
richtig gemacht hat

Anschließend dieselbe Situation noch einmal herausfordern
und den Hund für das richtige Verhalten loben.

Ein bewusstes Durchatmen hilft nicht nur dem Menschen, mit neuem Elan durchzustarten.

ATMEN SIE BEWUSST DURCH

Gerade in angespannten Momenten der Hundeerziehung (meist solche, in denen es um die Korrektur des Hundes geht) ist es sehr wichtig, sich nicht von den Emotionen des Hundes anstecken und der sachlichen Erziehungsebene abbringen zu lassen. Unsere Hunde verstehen es nämlich wie kaum jemand, uns nervös und damit unkonzentriert werden zu lassen. Haben sie das einmal geschafft, entsteht eine Spirale, die keinem von beiden mehr guttut und dem Erziehungsvorgang nicht förderlich ist: Man lässt sich zur Weißglut bringen, ärgert sich und reagiert emotional und damit oft überzogen. Und der Hund im Gegenzug auch.

Daher möchte ich Ihnen an dieser Stelle einen weiteren Tipp meines Trainings verraten: Ein kurzer Moment, den man sich trotz all dem Fokus auf den Hund und seine Verhaltensänderung selbst gönnt: ein lautes, tiefes Ausatmen. Das sorgt für eine kurze Auszeit und damit für emotionalen Abstand.

Auf den Boden der Tatsachen

Dieses Durchatmen, mit dem absichtlichen Fokus weg vom Hund, bringt einen wieder auf den Boden der Tatsachen zurück und hilft, die Situation mit ein wenig mehr Distanz als das zu sehen, was sie ist: ein Moment der Reibung in Ihrer Beziehung, der ausgestanden und (natürlich zu Ihren Gunsten) gelöst werden will, um diese voranzutreiben und zu festigen.

Nebenbei verändert ein solches Durchatmen auch Ihre Körpersprache. Machen Sie einmal den Selbsttest vor dem Spiegel: Stellen Sie sich mit angehaltenem Atem hin und beobachten Sie sich in Ruhe (zumindest so lange, wie es Ihnen das Anhalten der Luft erlaubt). Merken Sie, wie angespannt und verkrampft Ihr Körper wirkt? Dann machen Sie den Gegencheck und atmen Sie bei aufrechter Körperhaltung einmal tief in den Bauch ein und wieder aus. Wie sieht Ihre Körpersprache jetzt aus? So wirken Sie auch auf Ihren Hund. Entkrampfen Sie sich also immer wieder einmal ganz bewusst und machen danach weiter. Das hilft.

1

2

1-2
Erziehung bedeutet auch, immer wieder einmal bewusst Wärme und Nähe anzubieten. Und das nicht nur beim kleinen Welpen sondern auch beim erwachsenen Hund.

NÄHE UND WÄRME GEBEN

Seien Sie für Ihren Hund da, wenn er Sie braucht und stellen Sie bewusst Zeit und Nähe zur Verfügung. Vertraute Zweisamkeit, Zuneigung, Wärme und gemeinsame Unternehmungen sind das, was Ihr Hund ebenso braucht wie die Anleitung zum „Hund von Welt".

HUNDEERZIEHUNG IST ARBEIT AN SICH SELBST

Sie bedeutet, Gewohnheiten zu ändern, eigene Verhaltensweisen kritisch zu hinterfragen und sich seiner körpersprachlichen Wirkung bewusster zu werden. Das Leben mit Hunden erfordert Disziplin und Verantwortung, aber auch jede Menge Humor und Geduld. Man wächst über sich hinaus, fällt und steht wieder auf. Doch in all meinen Jahren mit Hunden und all meinen Gesprächen mit ihren Menschen habe ich eines gelernt: Man bekommt immer genau den Hund, den man gerade braucht, um sich zum Besseren zu verändern. Wenn es also mal wieder nicht so läuft mit Ihnen beiden, freuen Sie sich: Ihr Hund macht gerade einen besseren Menschen aus Ihnen!

HUNDEERZIEHUNG DAUERT EIN LEBEN LANG AN

Wer glaubt, das Thema Hundeerziehung sei mit einem Welpenkurs und gelegentlichen Trainingseinheiten abgehakt, der irrt. Über den Unterschied von Hundetraining und Hundeerziehung haben wir bereits gesprochen. Sie ist ein lebenslanger Prozess, der mit Entwicklungen, Veränderungen und Anpassungen zu tun hat und schon allein dadurch nie statisch sein kann, da er mit zwei Individuen zu tun hat, die ebendiese Entwicklungen und Veränderungen durchlaufen. Hundeerziehung ist auch ein 24-Stunden-Job. IMMER, wenn der Hund Hilfe in seiner Entwicklung benötigt, muss ich für ihn da sein, egal ob ich ihn gerade anleiten, korrigieren oder ihm helfen muss, seine Ängste zu überwinden.

HILFE HOLEN

Es passiert selbst den Besten: Man weiß einfach nicht mehr weiter, ist mit seinem Latein am Ende. Hat man deshalb als Hundehalter versagt? Sich als Erziehungsberechtigter disqualifiziert? Keineswegs. Man hat schlichtweg die eigenen Grenzen erreicht. Und das ist – auch wenn Sie es im betreffenden Moment vielleicht nicht so empfinden – gut so, denn nur so kann man auch über sich hinauswachsen. Scheuen Sie sich also nicht, professionelle Hilfe in Anspruch zu nehmen, wenn Ihr Repertoire an Lösungsmöglichkeiten ins Stocken kommt. Meist erspart man sich so viel Zeit und Nerven und hat jemanden an seiner Seite, der unterstützt und hilft. Nicht selten habe ich Kunden, die schon seit Jahren erfolglos an der Lösung eines Themas arbeiten, das wir dann gemeinsam in nur wenigen Stunden wieder hinbekommen. Nehmen Sie also ruhig auch einen fachlich qualifizierten Hundetrainer zu Hilfe, schon allein deswegen, weil sowohl Bücher als auch Lehrvideos nie explizit auf Sie und Ihren Hund eingehen können.

Woran erkennen Sie professionelle Hilfe? Es wird mit Fachwissen und Verstand versucht, ein individuelles Lösungskonzept für Sie und Ihren Hund zu finden, ohne dabei mit übermäßigem Druck, aber auch nicht „ausnahmslos positiv" zu arbeiten. Denn beides kann, wie wir ja nun schon wissen, dem hundlichen Lernen und damit einer baldigen Problemlösung nicht gerecht werden. Und das Wichtigste: Sie müssen als Hundehalter wertgeschätzt und gut beraten werden, denn nur so können Sie sich auch mit Freude und neuen Erkenntnissen der Herausforderung widmen.

STICHWORT HUNDE-HALTUNG

NATURBURSCHEN

Haben Hunde die Wahl, ist der „Waschsalon" lieber der Teich
ums Eck; und der Fön der Wind, der ihnen um die Nase weht.

Artgerechte Hundehaltung

Neben einem gewissen Maß an Fachwissen, dem Aufbau einer stabilen Beziehung und der verantwortungsvollen Einführung des Hundes in das gemeinsame Leben, ist auch die Art und Weise der Hundehaltung entscheidend dafür, ob das Miteinander funktionieren kann oder nicht.

Hundehaltung in menschlicher Obhut kann nie hundertprozentig artgerecht sein: Weder in Bezug auf die Fortbewegungsgeschwindigkeit noch in puncto Fortpflanzung oder Territorialverhalten können wir unseren Hunden das bieten, was ihrer Art zu leben entspräche. Wir können aber unser Bestes geben, um dem so nah wie möglich zu kommen, und dafür sorgen, dass sich unsere Hunde wohlfühlen.

GLÜCK IST INDIVIDUELL

Was den einzelnen Hund glücklich macht, ist auch hier wieder individuell zu entscheiden. Zu vielschichtig sind die Bedürfnisse der einzelnen Rassen, Individuen und Charaktere. Während sich der eine nach einsamen Waldspaziergängen sehnt, findet es der andere schön, in belebten Straßen dem Potpourri an Gerüchen zu frönen. Während der eine nur seinem Job als Wächter von Heim und Hof nachkommen können muss, um glücklich zu sein, braucht der andere zusätzlich noch eine Vielzahl an Fremdeindrücken und Stimuli, um aufzublühen. Während Hund A sich gern in der warmen Wohnung zusammenrollt, liebt Hund B das Leben in der Kälte. Während manche Hunde täglich viele Stunden Auslauf benötigen, reicht es anderen voll und ganz, einige kurze Sprints zu absolvieren, um zufrieden den Heimweg anzutreten.

Aufgrund dieser Umstände müssen wir auch Vorsicht bei der Beurteilung von Haltungsbedingungen walten lassen und dürfen nicht – wie leider immer wieder unüberlegte Aktionen selbsternannter Tierschützer zeigen – unsere eigenen Vorstellungen und Haltungsansprüche auf alle Hunde übertragen.

GRUNDBEDÜRFNISSE DES MENSCHEN

Doch wie kann man seinem Hund (art)gerecht werden und ihm das bieten, was er braucht? Hierzu stellen wir uns erst einmal selbst die Frage nach unseren eigenen Grundbedürfnissen.

Wann sind Sie glücklich? Wenn Sie:
— nicht eingesperrt sind.
— gesund sind bzw. medizinisch versorgt werden können.
— sich ausreichend gut ernähren können.
— ein Zuhause haben.
— sich dort sicher fühlen können.
— sich mit Artgenossen austauschen können.
— einer Familie/Gruppe angehören.
— sich geborgen fühlen können.
— eine Aufgabe haben oder sich beschäftigen können.
— Spaß haben bzw. etwas unternehmen können.
— auch einmal Zeit für sich haben.

GRUNDBEDÜRFNISSE DES HUNDES

Ihrem Hund geht es genauso. Wenn er nach draußen darf, medizinisch versorgt ist, Wasser, Futter und ein Dach über dem Kopf hat, sich sicher fühlen und mit Artgenossen austauschen kann, in einem stabilen sozialen Umfeld leben darf, das vorhersehbare Abläufe und Regeln bereitstellt, er eine Aufgabe bekommt, die seinem Naturell entspricht, und trotzdem die Ruhe finden darf, die er braucht, hat ein Hund alles, was sein Herz begehrt. Lediglich in Bezug auf die Fortpflanzung können wir unseren Hunden leider nicht immer so entgegenkommen, wie es ihnen lieb wäre. Die vielfältigen ursprünglichen Aufgabengebiete unserer Hunde haben also ebenso vielfältige Bedürfnisse hervorgebracht, die unsere Hunde an ihr Leben mit uns stellen. Obwohl es daher, wie bereits erwähnt, nicht möglich ist, in diesem Rahmen eine allumfassende „Anleitung zum Glücklichsein" zu geben, gibt es einige allgemeingültige Punkte, die man für das Wohlbefinden aller Hunde berücksichtigen kann:

GRUNDBEDÜRFNIS SACHKUNDIGER HALTER

Ein sachkundiger Halter, der um die Eigenarten und Bedürfnisse seines Hundes weiß, ihm seiner Persönlichkeit entsprechend die Regeln und Normen des Lebens in der Welt des Menschen beibringen will (und kann) und der sich dieser Verantwortung seinem Hund gegenüber nicht entzieht, ist wichtig für dessen weitere Entwicklung. Ebenso sollte sich ein verantwortungsbewusster Halter mit dem Ausdrucksverhalten von Hunden beschäftigen und es auch entsprechend deuten können, um seinen Hund art- und rassegerecht halten und erziehen zu können.

GRUNDBEDÜRFNIS BEWEGUNG IM FREIEN

Hunde müssen raus. Sie ausschließlich in der Wohnung zu halten, ist tierschutzrelevant. Sie nur im Garten laufen zu lassen, entspricht ebenso keiner artgerechten Haltung. Hunde müssen die Möglichkeit haben, etwas zu erleben, eine Vielzahl an Eindrücken zu sammeln, zu riechen, zu laufen und zu beobachten, einfach nur Hund sein zu dürfen, sich schmutzig zu machen, zu graben, zu planschen und zu kauen. Da kommt man um einen Aufenthalt im Freien nicht herum. Was an diesem Aufenthalt „besonders" ist, liegt dabei im Auge des Betrachters: Der malerische Sonnenuntergang mag zwar für Sie das schönste Erlebnis des abendlichen Spaziergangs gewesen sein, Ihrem Hund aber war er vermutlich egal. Sein schönster Eindruck dieses Ausflugs lag vielleicht an der Duftkomposition auf einem für Sie nichtssagenden Blatt in Minute 43.

Klatschblätter lesen

Das Aufspüren von Gerüchen, das Aufspalten von Düften in ihre einzelnen Bestandteile sowie deren Analyse und Auswertung ist für Hunde eine wunderbare und wichtige Beschäftigung. Und diese „Arbeit" mit der Nase lastet den Hund weitaus mehr aus als die Bewegung an sich. Neben der Analyse und Verarbeitung von Gerüchen, also dem Erkunden der Umwelt und dem „Klatschblätter-Lesen" durch die olfaktorische Begutachtung von Duftmarken anderer Artgenossen, ist aber auch das Beobachten und Sammeln von visuellen Eindrücken ein wichtiger Faktor für das Wohlbefinden Ihres Hundes. Sich in Ruhe die Umgebung anzuschauen, einen Vogel beim Vorbeifliegen oder eine vorüberkrabbelnde Ameise zu betrachten, kann ebenso spannend sein wie eine längere Laufstrecke.

1

2

Tempo, Tempo

Zum Thema Laufen sei noch einmal erwähnt, dass der Hund ein Laufraubtier ist, dessen bevorzugte Geschwindigkeit im Trab erreicht wird. Je nach Temperament, Größe und Fitness liegt sein Tempo zwischen ca. 7 und 12 km/h. Da der Mensch diese Geschwindigkeit nur beim Joggen oder gemütlichen Radfahren erreicht, ist es oft schwierig, dem Hund in der Wahl seines Tempos anders entgegenzukommen. Daher empfehle ich stets, wenn möglich hin und wieder mit seinem Hund auch Radfahren oder Joggen zu gehen (der Fitness des Hundes und der Temperatur angemessen). Diese kontinuierliche, gleichmäßige Bewegung im Trab entspannt die Hunde und ist eine wunderbare Form der Auslastung. Mindestens (mindestens!) zwei Stunden täglich sollte ein Hund also im Freien mit Laufen, Schnuppern und Beobachten verbringen dürfen. Spaziergänge in abwechslungsreichem Gebiet mit vielen Reizen sind ideal. Wichtig ist, dass der Hund sich auch einmal ungehindert be-

3

wegen kann, ungestört den auf ihn einströmenden Eindrücken frönen oder sich in einen Geruch vertiefen kann. Das geht nur im Freilauf.

Daher muss das Ziel einer jeden Hundeerziehung der kontrollierte Freilauf sein, der dem Hund ermöglicht, seinen Bedürfnissen wie Schnuppern oder Laufen nachzukommen und bei dem trotzdem jederzeit eine Kooperation mit ihm hergestellt werden kann. Nur so kann sich der Hund gefahrlos bewegen, andere nicht behindern und dabei seine Bedürfnisse ausleben.

GRUNDBEDÜRFNIS KÖRPERLICHE UNVERSEHRTHEIT UND MEDIZINISCHE VERSORGUNG

Alle Arten von Misshandlungen und Quälereien an Hunden sind grundsätzlich unzulässig. Zur körperlichen Unversehrtheit zählt aber auch, seinen Hund nicht absichtlich Gefahren auszusetzen, die ihn verletzen oder töten können. Hierzu zählt z. B. ein Freilauf des Hundes ohne zuvor ausreichend eingeübte Unterbrechungssignale. Ebenso beinhaltet eine artgerechte Haltung die medizinische Versorgung des Hundes im Krankheits- oder Verletzungsfall.

GRUNDBEDÜRFNIS ERNÄHRUNG

Dem Hund sollte immer frisches Wasser zur Verfügung stehen. Außerdem haben Hunde ein großes Ernährungsspektrum und sollten möglichst vielseitig gefüttert werden. Eine ausschließliche Ernährung durch Hundefutter ist nicht ideal und führt bei minderwertigem Futter nicht selten zu Futtermittelallergien und Erkrankungen. Eine gesunde, vielseitige

Ernährung sollte also Ziel jeder Hundehaltung sein.

Dem Allesfresser Hund eine einseitige Ernährung mit nur einem Futtermittel aufzuerlegen, besonders wenn es sich dabei um Trockenfutter handelt, ist alles andere als artgerecht. Die Ernährung über ein einziges Futtermittel ist übrigens immer einseitig, auch wenn es dieses in unterschiedlichen Geschmacksrichtungen (Huhn, Rind, Lamm) zu kaufen gibt. Oder würden Sie Ihr Leben lang ausschließlich Fertiggerichte vom selben Hersteller essen?

Möglichst abwechslungsreich

Tun Sie Ihrem Hund also etwas Gutes, indem Sie seine Ernährung so vielseitig und so nah am Allesfresser wie möglich gestalten. Geben Sie ihm eine große Bandbreite an Nahrungsmitteln, also Muskelfleisch, Innereien und sogenannte „tierische Nebenerzeugnisse" ebenso wie Gemüse, Obst oder das, was Sie ohnehin (ungewürzt!) für sich zubereiten würden: Reis, Nudeln, Kartoffeln, Vollkornflocken usw. Dies können Sie entweder zusätzlich zu einem qualitativ hochwertigen Hundefutter verabreichen oder die Ernährung ausschließlich auf frische Nahrungsmittel beschränken. Ob Sie Fleisch und Innereien lieber roh oder erhitzt füttern möchten, ist Ihnen (und Ihrem Hund) überlassen (ausgenommen Schweinefleisch, das immer gut erhitzt werden muss).

Mein Rüde Perikles etwa frisst Fleisch nicht im rohen Zustand (und verträgt es auch nicht), während meine Hündin Sayuri es liebt, möglichst viel „frisch" zu verspeisen.

1–3
Hunde sind ganz einfach „Draußen-Tiere". Sie brauchen die Natur, lieben es, einer Vielzahl von Gerüchen zu frönen und müssen sich frei bewegen können, um glücklich zu sein.

Gerüchte und Mythen

Das Gerücht, dass Hunde, die frisches Fleisch oder fellbedeckte Teile von Tieren fressen, vermehrt jagen würden, legen Sie bitte sofort in die Mythosschublade. Oder beißen Sie von vorbeischwimmenden Fischen ab, nur weil es letzte Woche Sushi gab?

Auch bei Kauartikeln empfehle ich, darauf zu achten, möglichst natürliche Produkte zu verfüttern. Also keine künstliche Pressware in Knochenform, sondern getrocknete tierische Nebenerzeugnisse oder große Knochen.

Den immer größer werdenden Trend zur vegetarischen Ernährung des Hundes kann ich, obwohl ich selbst Vegetarierin bin, nicht nachvollziehen. In der Natur ernähren sich Caniden zwar manchmal auch tagelang vegetarisch, doch nur ge-

zwungenermaßen. Wenn sie die Wahl haben oder jagen gehen können, ziehen sie tierische Nahrung eindeutig vor. Einem Raubtier, das sich in freier Wildbahn diese Ernährung aussuchen würde, Fleisch vorzuenthalten, steht für mich abseits einer artgerechten Haltung.

GRUNDBEDÜRFNIS UNTERSCHLUPF/ZUHAUSE

Ein beständiger Platz, an dem der Hund zur Ruhe kommen kann, wo er es (je nach Verhältnissen) warm bzw. kühl und trocken hat und der ihm Schutz vor Feinden und Gefahren bietet, gehört ebenso zu einer artgerechten Hundehaltung.

GRUNDBEDÜRFNIS SICHERHEIT

Nicht nur die Sicherheit und der Schutz vor Gefahren ist wichtig für den Hund, sondern auch eine Sicherheit im Sinne von Vorhersehbarkeit und Beständigkeit, also ein lebenslanges stabiles Umfeld. Hat ein Hund keine oder zu viele Bezugspersonen, fehlt ihm oft der nötige Halt und die Möglichkeit zur Orientierung. Auch muss ein Hund stets die Möglichkeit haben, sein Verhalten an Situationen anpassen zu können und die Regeln und Pflichten in seiner sozialen Umgebung zu erlernen. Daher sind unvorhergesehene Strafen genauso schädlich für das Sicherheitsempfinden des Hundes wie keine oder eine wankelmütige Führung.

GRUNDBEDÜRFNIS KONTAKT ZU ARTGENOSSEN

Regelmäßiger positiver Kontakt zu Artgenossen, wenn möglich im Freilauf, ist ein Grundbedürfnis des Hundes. Im Spiel bzw. der Interaktion mit anderen Hunden erwirbt der Hund außerdem soziale Kompetenz und lernt, wie er sich Artgenossen gegenüber zu verhalten hat. Das Spiel mit Gleichaltrigen fördert dabei vor allem bei Welpen die kognitiven und

sozialen Kompetenzen und bewirkt eine Reifung des Gehirns (Gansloßer 2015, Bloch 2010); das Spiel mit „Erwachsenen" bildet und festigt das Sozialverhalten, das Einhalten von Grenzen und von Abbruchsignalen. Die meisten Hunde, die mit fehlgeleitetem Beutefangverhalten auf Artgenossen zuschießen, hatten in der Welpen- bzw. Junghundzeit keine oder nur unzureichend Möglichkeit zum Austausch mit Artgenossen. Außerdem werden nur beim spielerischen Raufen Nervenwachstumsfaktoren und Botenstoffe im Gehirn ausgeschüttet, die zur Reifung jener Gebiete führen, die für Konzentration, Problemlösungsfähigkeit und soziale Kompetenz zuständig sind. Doch Achtung: Kontakt zu Artgenossen heißt nicht zwangsläufig Spiel. Und: Hunde MÜSSEN nicht spielen. Oder

Nicht nur der Kontakt zu Gleichaltrigen ist wichtig, auch jener zu älteren oder jüngeren Hunden hat großen Einfluss auf die Entwicklung eines Hundes.

balgen Sie sich heute noch mit Gleichaltrigen? Das gemeinsame Schnuppern, Spazieren und Sich-Abgleichen der Hunde ist mindestens ebenso wichtig und beinhaltet oft mehr Sozialverhalten und gegenseitigen Austausch, als ein ausgelassenes Spiel.

Guter Umgang

Achten Sie aus diesem Grund darauf, mit wem sich Ihr Hund austauscht, wer ein „guter Umgang" für ihn ist und wer nicht. Suchen Sie also lieber qualitativ hochwertige Hundebegegnungen auf, anstatt Ihren Hund stundenlang den Dominanzgebaren sozial unerfahrener Hunde auszusetzen. Außerdem ist es wichtig, dass bei den aufeinandertreffenden Hunden eine gewisse Verhältnismäßigkeit gegeben ist. Es gibt zudem auch unterschiedliche Spieltypen (z. B. Läufer oder Raufer), die zueinander passen müssen. Bei der Begegnung mit Artgenossen sollte man als Halter unbedingt darauf achten, dass sich die Hunde im kontrollierten Freilauf oder an der durchhängenden Leine begegnen. Ist die Leine gespannt oder schießt ein Hund auf den anderen zu, ähnelt der Hund oft körpersprachlich einem imponierenden oder drohenden Hund. Das kann die erste Begegnung ungünstig verlaufen lassen. Ebenso wie beim Menschen sind sich nicht alle Hunde sympathisch, weshalb der Halter in der

Lage sein muss, den Hund in der jeweiligen Situation zu beeinflussen und wegzunehmen. Hunde unkontrolliert ohne Leine aufeinander loszulassen und sie die dadurch entstehenden Konflikte nur untereinander ausmachen zu lassen, ist keine Lösung, sondern fahrlässig. Der Mensch muss hier adäquates Sozialverhalten aufzeigen und einfordern, indem er den Hund langsam in die Regeln des sozialen Miteinanders einführt, ihn gegebenenfalls entsprechend unterbricht und ihn für angemessenes Verhalten bestätigt. Besonders dann, wenn die Verhältnismäßigkeit (jung/alt, groß/klein etc.) nicht gegeben ist.

Ausgewogenes Spiel

Wenn Spiel also nicht ausgeglichen ist (einmal ist der eine Hund der gejagte, einmal der andere, einmal der eine obenauf, einmal der andere), nicht immer mal wieder von den Hunden gestoppt wird (die Hunde hören kurz auf zu spielen und widmen sich z. B. anderen Dingen) oder nicht BEIDE Hunde Spaß daran haben, dann sollten Sie das Spiel unbedingt unterbrechen und wieder für eine Abkühlung der Gemüter sorgen. Nur so kann Spiel auch langfristig als solches wahrgenommen werden.
Hunde, die zu Artgenossen eine feste Beziehung haben, binden sich übrigens auch enger an den Menschen.

So lange beide Freude am Spiel haben, spielt die Größe keine Rolle.

Mehrhundehaltung

Auch wenn es absolut ausreichend ist, wenn ein Hund mehrmals täglich Kontakt zu Artgenossen hat, so bin ich doch ein großer Fan der Mehrhundehaltung. Sie ist für mich persönlich die artgerechteste Form der Hundehaltung und sorgt durch den ständigen Kontakt und den laufenden Abgleich mit einem (oder mehreren) Artgenossen dafür, dass der Hund um einen „Vollzeitjob" (siehe Kapitel „Berufsberatung für Hunde" Seite 189) reicher und damit ausgelasteter und entspannter ist. Doch Vorsicht: Erst wenn

Sie sich mit dem vorhandenen Hund/den vorhandenen Hunden eine gute Erziehung, Orientierung, Unterbrechbarkeit und Beziehung aufgebaut haben, ist die Zeit gekommen, über einen Neuzugang nachzudenken. Andernfalls potenzieren sich nur die Probleme. Und: Damit die Zusammenführung möglichst reibungslos klappt, sollten sich die Hunde schon sympathisch finden. Lassen Sie also ruhig ganz bewusst ALLE Familienmitglieder an der Auswahl des neuen Mitglieds teilhaben, auch die vierbeinigen.

GRUNDBEDÜRFNIS FAMILIEN-/GRUPPENANSCHLUSS

Der Kontakt zum Sozialpartner Mensch ist für einen Hund überaus wichtig. Den Hund den ganzen Tag allein zu Hause zu lassen oder ihn ausschließlich in Einzelhaft fernab von Familie und Artgenossen in einem Zwinger zu halten, entspricht daher nicht den Ansprüchen an eine artgerechte Hundehaltung. Wie nahe der Hund seinem Menschen sein sollte, ist aber je nach Persönlichkeit und Rasse bzw. genetischem Hintergrund des Hundes unterschiedlich. So gibt es durchaus auch Rassen/Typen, die glücklicher sind, wenn sie den Großteil des Tages allein und ungestört dem Müßiggang frönen und die Umgebung beobachten können, als im Haus ständigen Kontakt zu Familienmitgliedern oder Fremden haben zu müssen. Andere wiederum lieben es, „mittendrin statt nur dabei" zu sein. Bei der Qualität und Quantität des Sozialkontakts muss man also immer das Individuum Hund berücksichtigen und darf sich nicht von den eigenen Vorstellungen einer optimalen Zweisamkeit von Hund und Mensch leiten lassen. Auch ist es gerade dieser Sozialkontakt zum Bindungspartner Mensch, der den Hund seinen Halter erst einschätzen und verstehen lässt. Die Zugehörigkeit zu einer sozialen Gruppe bzw. Familie fördert nicht nur die Kommunikation zwischen Hund und Mensch, sondern steigert zudem auch das Sicherheitsempfinden eines Hundes.

Zusammengehörigkeitsgefühl

Wie viel Zeit man als Mensch mit seinem Hund verbringt, ist dabei weniger relevant als die Art und Weise, wie man dieses Miteinander gestaltet. Wer mit seinem Hund in Kontakt tritt, auf ihn eingeht, ihm Körperkontakt oder auch Kontaktliegen anbietet, ihn also streichelt und mit ihm schmust (sofern der Hund das auch möchte), fördert u. a. das Freisetzen der „Bindungshormone" Oxytocin und Vasopressin und damit das Zusammengehörigkeitsgefühl. Viel hilft dabei nicht immer viel, sprich, wer mit seinem Hund immer im Bett schläft und viel schmust, ist nicht besser an ihn gebunden als jemand, der seinen Hund nur einige Male am Tag streichelt und herzt. Es geht hier vielmehr um das Bereitstellen von körperlicher Nähe, die ein so wichtiger Bestandteil der sozialen Entwicklung eines Hundes ist. Wer also seinen Hund lebenslänglich von sich weist, ihn ignoriert und ablehnt, der darf sich nicht wundern, wenn sein Hund keine Bindung zu ihm entwickelt.

Ein enger Familienanschluss, also das Gefühl, dazuzugehören, ist Hunden ein großes Bedürfnis.

Genauso wenig entspricht aber das ständige Beschäftigen oder Überschütten mit Aufmerksamkeit den Grundbedürfnissen eines Hundes. So lernt er eher, den Menschen auszublenden als ihn aufzusuchen. Gezielte Zeiten zur Kontaktaufnahme, für Spaziergänge, Trainings- oder Streicheleinheiten, in denen der Hund Aufmerksamkeit genießt und sich der Zuwendung seines Menschen sicher sein kann, reichen also völlig aus. Dazwischen sollte der Hund in Ruhe gelassen werden, um sein Ruhe- bzw. Schlafbedürfnis ausleben zu können. Das sorgt für einen entspannten und wesensfesten Hund.

GRUNDBEDÜRFNIS RUHE UND SCHLAF

Ein Hund sollte ca. zwei Drittel des Tages ruhen bzw. schlafen können. Das sorgt für Ausgeglichenheit und beugt einer Überreizung durch ständige Beschäftigung vor. Besonders Hunde, die zu übersteigertem Verhalten und zum „Hochdrehen" neigen, sollten nach Aktivitäten wieder gezielt zur Ruhe gebracht werden. Der geeignete Ruheplatz dafür befindet sich idealerweise an einer abgelegenen Stelle, ist bequem, trocken und kühl/ warm (aber nicht zu warm). Besonders wichtig ist, dass der Hund dort ungestört

liegen kann. Manche Hunde bevorzugen hierfür höhlenartige Schlafplätze, in die sie sich zurückziehen können, andere liegen lieber in Hundekörben oder auf Aussichtsplätzen. Bei Aussichtsplätzen sollte man allerdings darauf achten, dass der Hund dort auch zur Ruhe kommen kann und diese nicht nutzt, um ständig seine Umwelt zu überwachen.

GRUNDBEDÜRFNIS BESCHÄFTIGUNG

Aufgaben zu haben, die man kennt und gut erfüllen kann und diesen nachkommen zu können, macht glücklich. Nicht nur uns Menschen geht es so, sondern auch unseren Hunden. Es hält sie körperlich und geistig fit, beschäftigt sie, fördert

die Problemlösung, das eigenständige Denken und damit auch die Selbstwahrnehmung und Umweltsicherheit. Neben der Beschäftigung über Laufen, Erkundung und Beobachtung gilt es auch, Tätigkeiten für den Hund zu finden, die seinen Veranlagungen, seinen Talenten und seinem Wesen entgegenkommen (siehe Kapitel „Berufsberatung für Hunde" Seite 189). Hunde sollten regelmäßig ihren natürlichen Aufgaben oder geeigneten Ersatzbeschäftigungen nachkommen können, ohne dabei sich und andere zu gefährden. Auch kann man durch geeignete Beschäftigungsmaßnahmen die natürlichen Fähigkeiten des Hundes kanalisieren bzw. fördern und so vielfach Problemverhalten vorbeugen.

Starten Sie daher auch immer wieder zu gemeinsamen Unternehmungen oder spielen Sie mit Ihrem Hund! Spiel ist nicht nur wichtig für die körperliche und geistige Entwicklung eines Hundes, es fördert auch die Bindung und das Verstehen. Der Mensch wird so zum Bindungspartner, mit dem das Leben Spaß macht. Sich zu balgen und zu raufen, sich um ein Stöckchen zu streiten oder einfach nur Fangen zu spielen ist aber nicht nur förderlich und gesund für den Hund, es macht auch uns Menschen Spaß. Meist hat man nämlich als Erwachsener nur im Rahmen von Kampfsport, Kampfkunst oder Selbstverteidigungsseminaren die Möglichkeit, derart herumzurangeln und zu balgen. Oder wann haben Sie zuletzt so ausgelassen mit Menschen getobt?

Ausgelassenheit

Zwar kein Grundbedürfnis des Hundes, aber für mich persönlich ein wichtiger Bestandteil eines glücklichen Hundelebens ist die Möglichkeit zur Ausgelassenheit und Freude. Wer immer nur bierernst diverse Kommandos befolgen muss, kann auf Dauer kaum glücklich sein. Wie wir bereits gesehen haben, sind gemeinsame Unternehmungen und Blödeleien weitaus beziehungsfördernder als das reine Versorgen des Hundes. Doch nicht nur das. Es sollte einem Hund auch möglich sein, nicht immer nur ernsthaft Regeln zu befolgen, sondern auch Spaß zu haben, in ausgelassenem Kontakt zu seinem Menschen zu treten und gemeinsam Spaß zu haben.

Spaß und Freude sollten Bestandteil eines Hundelebens sein.

Spielregeln

Spiel ist Kommunikation im Nahbereich und lässt den Hund ganz nebenbei den Umgang mit seinem Menschen erlernen (Gansloßer 2015). Man sollte hier aber auch als Mensch wichtige Grundregeln des hundlichen Spiels beachten:

Spiel kann man nicht erzwingen. Nur wenn beide sich wohlfühlen und in Spiellaune sind, kann es auch wirklich lustig werden. Warten Sie also vor allem bei unsicheren Hunden auf eine deutliche Einladung zum Spiel und stürmen Sie nicht einfach auf sie los. Auch müssen Sie nicht mitspielen, wenn Sie gerade nicht dazu aufgelegt sind.

Spiel bedeutet Rollentausch. Ein ausgeglichenes Spiel von Hunden zeichnet sich dadurch aus, dass einmal der eine oben ist, einmal der andere, einmal der wegläuft, einmal der andere. Das dürfen Sie als Mensch 1:1 übernehmen. Haben Sie Mut, sich auch einmal als „Verlierer" zu zeigen, denn Hunde lieben Anführer, die sich ihrer Sache so sicher sind, dass sie den Unterlegenen spielen können. Auch souveräne Dominante in Canidenrudeln folgen diesem Brauch und stellen sich im Spiel schwächer, als sie sind.

Spiel bedeutet, auch einmal anfangen bzw. aufhören zu dürfen und nicht immer alles zu kontrollieren. Geben Sie hin und wieder auch mal die Zügel aus der Hand und lassen Sie Ihren Hund das Spiel initiieren oder beenden. Zwar kann Spiel hervorragend zum Einüben von Unterbrechungssignalen und sozialen Verhaltensweisen herangezogen werden, doch sollte es nicht immer nur einen lehrreichen Hintergrund haben. Lassen Sie also auch mal locker und gehen Sie auf die Spielaufforderung Ihres Hundes ein. Das nächste Spiel dürfen Sie dann wieder abbrechen.

Spiel meint gemeinsames Erleben. Das heißt nicht, immer nur zu laufen und zu toben, sondern durchaus auch ruhig miteinander zu interagieren. Es bedeutet, dass sich beide miteinander beschäftigen, sich austauschen und Spaß MITeinander haben. Das kann auch ein gemütliches In-der-Wiese-Liegen und Mit-einem-Grashalm-Spielen sein. Daher sind Wurfspiele auch kein Spiel im Sinne eines Hundes, sondern schlicht Hetzen und Packen eines Objekts. Der Mensch als „Wurfmaschine" ist dabei austauschbar und besitzt keine Wertigkeit. Spielen Sie also lieber MIT Ihrem Hund, das schweißt zusammen.

Verlieren dürfen

Mein Rüde Perikles legt sich z. B. für das Spiel mit Kleineren oder Welpen gern seitlich auf den Boden und lässt sie dabei auch immer wieder einmal gewinnen.

Sie verlieren also nicht Ihr Gesicht als Teamleiter, wenn Sie sich hierbei als Unterlegener präsentieren, sondern gewinnen sogar an Respekt. Wichtig ist nur, dass die Rolle auch wieder zurückgetauscht werden kann.

All meine Hunde lieben es, sich um ein Stöckchen zu balgen. Und ich spiele gern mit. Wer das Stöckchen hat, ist König und trägt sein „Zepter" angeberisch und deutlich sichtbar für alle anderen vor sich her. Die Übrigen versuchen, es zu erwischen – dabei ist alles erlaubt: raufen, springen, jagen und natürlich tricksen. Wenn ich verlieren möchte und merke, dass meine Hunde sich zu schwertun, mir das Stöckchen zu entreißen, mime ich den Tollpatsch, und mein „Zepter" fällt mir zufällig bei einer Drehung aus der Hand. Und schon sind die Rollen getauscht und ich muss hinterher.

Berufsberatung für Hunde

Wer eine Aufgabe hat, die er gern macht und gut kann, und wer in der Erfüllung dieser Aufgabe auch wertgeschätzt wird, der hat nicht nur eine sinnvolle Beschäftigung, sondern fühlt sich auch wertvoll.

F ür seinen Hund daher solche Aufgaben zu finden, ist nicht nur förderlich im Sinne einer artgerechten Auslastung und Kanalisierung von Veranlagungen bzw. Talenten, sie erfüllt ihn auch mit Freude und Zufriedenheit. Hunde brauchen also Aufgaben und Beschäftigung, um glücklich zu sein.

Die Arbeitslosenquote unter den heutigen Hunden ist leider erschreckend hoch. Viel zu viel wird ihnen abgenommen, viel zu wenig von ihnen verlangt. Alles bekommen sie gratis, für nichts müssen sie sich mehr anstrengen. Das Vermeiden von Unannehmlichkeiten für den Hund sorgt zusätzlich dafür, dass Hunde heute oft regelrecht verlernt haben, mitzudenken und sich Dinge zu erarbeiten, wodurch sie entweder sozial und geistig verkümmern oder sich in Eigeninitiative interessante (meist vom Menschen unerwünschte) Ersatzbeschäftigungen suchen.

ARBEIT IN DREI KATEGORIEN

Was aber kann man als Mensch tun, um seinen Hund möglichst nah an dessen Bedürfnissen zu fordern, zu fördern und zu beschäftigen? Nun, auch das kommt wieder auf den Einzelfall, seine Veranlagungen, Talente und Charaktereigenschaften an. Trotz allem aber gibt es einige Beschäftigungsmöglichkeiten, die nahezu allen Hunden entgegenkommen. Wir teilen sie zum besseren Verständnis in drei Gruppen ein:

Vollzeitbeschäftigung

Bei der Vollzeitbeschäftigung geht es um Denkprozesse und Verhaltensweisen, die den ganzen Tag über zum Tragen kommen. Hierzu zählen das Einhalten von geforderten Regeln und Grenzen des gemeinsamen Miteinanders (draußen wie drinnen) und der Abgleich des Hundes mit seinem sozialen Umfeld, also der Interaktion mit seiner Familie oder Gruppe (im Mehrhundehaushalt zählen hierzu auch die anderen Hunde). Der Hund muss sich an seine Umgebung und sein soziales Umfeld anpassen. Das strengt an. Auch das selbstständige Lösen von Problemen, wie eine um die Beine gewickelte Leine, gehört hierzu. Seinem Hund zu zeigen, was er darf und was nicht, wie er Probleme selbst lösen kann, wie er mit seiner Gruppe und seiner Umwelt umzugehen hat und wie er sich mit allen Mitgliedern abgleichen kann, hilft nicht nur bei der Erziehung des Hundes, sie gibt ihm auch eine sinnvolle Aufgabe, die auch noch für den Großteil des Tages zum Tragen kommt. Das Einhalten der „Gesetze eines entspannten Miteinanders" allein lastet den Hund geistig bereits enorm aus.

Beispiele für Vollzeitbeschäftigung

Alles, worauf der Hund warten bzw. wobei er sich zurücknehmen muss

— Selbstständiges Stoppen am Ende des Bürgersteigs
— Ruhiges Alleinbleiben
— Absitzen und Warten vor der Fütterung

Eigenständiges Lösen von Problemen

— Überwinden von Hindernissen
— Selbstständiges Entwirren der Leine
— Erarbeiten von angemessenen Verhaltensweisen

Der Abgleich mit seinem Menschen

— Wann passiert was?
— Wie schnell / wohin geht der Mensch?
— Was ist gerade meine Aufgabe als Hund?

Der Abgleich mit Artgenossen

— Wo ist mein Platz in der Gruppe?
— Wer geht wohin?
— Wer darf welche Ressource haben?

Sich mit Artgenossen abgleichen zu können lastet Hunde aus.

TEILZEITBESCHÄFTIGUNG

Inhalte der Teilzeitbeschäftigung nehmen nur bestimmte Zeiten des Tages in Anspruch und haben klar definierte Anfangs- und Endzeiten. Hierzu zählen etwa Spaziergänge und andere Unternehmungen im Freien. Exemplarisch möchte ich zu diesem Thema ein paar einfach umzusetzende Möglichkeiten aufzählen, wie Sie diese Aufenthalte draußen noch interessanter gestalten können:

— Wechseln Sie immer wieder die Wege und gehen Sie bekannte Routen auch einmal in die entgegengesetzte Richtung. Wechseln Sie dabei auch regelmäßig zwischen Ortsgebiet und Feld, Wald und Wiese. Dadurch sorgen Sie für die maximale Abwechslung durch haptische, visuelle, akustische und olfaktorische Eindrücke. Diese Reize fördern wiederum seine Gehirntätigkeit, erweitern seinen Erfahrungsschatz und lasten ihn somit geistig aus.
— Wechseln Sie auch einmal das Tempo, nehmen Sie das Fahrrad, oder gehen Sie mit Ihrem Hund Laufen (der Fitness des Hundes und den Temperaturen angepasst!). Sie können sich dabei übrigens auch gern von Ihrem Hund ziehen lassen (Bikejöring oder Canicross). Der gleichförmige Trab über einen längeren Zeitraum entspannt den Hund und lässt ihn sich regelrecht in „Trance" laufen. Und natürlich lastet er ihn auch körperlich aus.
— Bauen Sie alle paar Spaziergänge auch einmal kleine Abenteuer ein: Lassen Sie Ihren Hund über Baumstämme oder Mauern balancieren, klettern, schwimmen, graben oder animieren Sie ihn beispielsweise zu einem kurzen Sprint. Diese Highlights machen nicht nur Spaß und fördern die Konzentration, das Gleichgewicht und die körperliche Fitness, sondern auch die Orientierung Ihres Hundes an Sie.

Einträchtig: Spaziergänge sind für Hunde wichtig und fördern das Zusammengehörigkeitsgefühl.

— Suchen Sie (wenn der Spaziergang einmal etwas kürzer ausfallen muss) olfaktorisch spannende Stellen auf und geben Sie so Ihrem Hund die Möglichkeit, seine Nase in vollem Umfang einzusetzen. Denn: Nasenarbeit ist nicht nur sehr anstrengend für den Hund, sie lastet ihn auch geistig aus. Denken Sie dabei daran, dass solche Plätze oft unscheinbar aussehen können, wie etwa Christbaumsammelstellen, Parkplätze oder eine einzelne begrünte Stelle am Wegesrand. Doch sie stecken voller Informationen und Geschichten.

— Das Erarbeiten von Futter (durch Kauartikel, das Herausarbeiten aus Behältern oder Erarbeiten von Strategien, wie man an das Futter kommt) gehört ebenso in die Kategorie der Teilzeitbeschäftigungen. Es ist nicht nur ein sinnvoller Zeitvertreib für jeden Hund, weil es die eigenständige Problemlösung und Geschicklichkeit fördert, das beständige Kauen bzw. Lecken wirkt zudem selbstbelohnend, entspannt die Muskulatur und damit auch den Hund. Bereiten Sie also gelegentlich das Futter Ihres Hundes so auf, dass er es sich erarbeiten muss.

— Aber auch das Einüben neuer Verhaltensweisen (sofern es öfter als einmal die Woche geschieht) bzw. das Ausführen von täglich wiederkehrenden Aufgaben, wie etwa dem Nachhausetragen der Zeitung, fallen darunter.

Beispiele für Teilzeitjobs

Umwelterkundung beim Spaziergang

— Spaziergang möglichst abwechslungs-
  reich gestalten
— Vielfältige Gerüche aufsuchen
— Hin und wieder kleine Aufgaben
  stellen (Klettern, Balancieren,
  Springen usw.)

Futter erarbeiten lassen

— Feuchtfutter in einen nicht brechenden
  Hartplastikbecher oder Kong füllen
— Trockenfutter in einen Futterball
  füllen
— Einen Teil des Futters suchen lassen

Hundetraining

— Einüben neuer Regeln und Ver-
  haltensweisen
— Erweitern/Erneuern alter Regeln
  und Verhaltensweisen
— Perfektionieren des „blinden
  Verstehen" mittels Körpersprache

Täglich wiederkehrende Aufgaben

— Leine holen
— Zeitung bringen
— Sich die Pfoten abputzen lassen

Die Spuren des harmonischen Miteinanders findet man oft ganz beiläufig.

GELEGENHEITSJOBS

Bei der Ausführung von Gelegenheitsjobs bekommt der Hund regelmäßig, aber nicht täglich Gelegenheit, Aufgaben zu erfüllen, die seinen Bedürfnissen und Talenten entgegenkommen. Hier sprechen besonders Tätigkeiten, bei denen der Hund seine Nase einsetzen muss, die meisten Hunde an. Hierzu zählen etwa das Suchen von Futter oder versteckten Gegenständen (bei uns sind es meist meine Schlüssel oder das Handy, da ich diese regelmäßig verlege) oder auch das Mantrailing.

Nasenarbeit ist nicht nur eine überaus artgerechte Beschäftigung für Hunde, sie ist auch ein wahrer Eisbrecher bzw. Katalysator für Kooperation und Erfolgserlebnisse mit dem Menschen. Daher setze ich gern gerade diese Nasenarbeit in Kombination mit Verhaltensänderungen oder Beziehungsfindung ein. Und sie lässt den Menschen oft erst erkennen, wozu sein Hund im Stande ist bzw. wie überaus groß seine Talente beim Aufspüren und Verarbeiten von Gerüchen sind.

Aber auch das Training in der Hundeschule, Trickdogtraining oder sämtliche andere Beschäftigungsarten, die den Fähigkeiten des Hundes entgegenkommen, fallen darunter. Wichtig dabei ist nur, dass diese den Hund nicht einfach hochdrehen, sondern eine entspannte, fokussierte Beschäftigung ermöglichen. Regt sich der Hund bei der Beschäftigung auf, wird hektisch und wirkt gestresst, ist die Beschäftigung falsch gewählt oder aufgebaut und damit nicht zielführend. Als Gelegenheitsjob für fast alle Hunde und Rassen finde ich persönlich ein fachgerecht durchgeführtes Mantrailing optimal. Aber auch gut aufgebauter Zughundesport kommt vielen Rassen und ihren Bedürfnissen entgegen.

Beispiele für Gelegenheitsjobs

Bewegung

– Schwimmen gehen
– Am Rad/am Pferd mitlaufen
– Zughundesport

Nasenarbeit

– Schlüssel suchen
– Vermisste Personen suchen
  (Mantrailing)
– Leckerli suchen

Spiele

– Denkspiele
– Kleine Tricks erlernen
– Spiel mit dem Menschen, Balgen
  und Rangeln

WARUM SIE WURFSPIELE GETROST WEGWERFEN KÖNNEN

Dass Wurfspiele (also das Hinterherhetzen des Hundes hinter Gegenständen wie einem Ball, Frisbee oder Stock) sich trotz aller Aufklärung über die Risiken und Gefahren immer noch so großer Beliebtheit erfreuen, ist mir ein Rätsel.

Nicht nur, dass das Schnappen nach vom Boden aufspringenden Gegenständen in hoher Geschwindigkeit diverse medizinische Risiken birgt (verschluckte Bälle, Stöcke, die sich in Gaumen oder Hals bohren, ein durch das ständige Abstoppen aus hoher Geschwindigkeit überbeanspruchter Bewegungsapparat usw.), das stupide Nachhetzen hinter einem Gegenstand macht die Hunde auch regelrecht dumm. Denn das hierbei gezeigte Verhalten ist keine Freude, wie so gern interpretiert wird, sondern Suchtverhalten (das man auch immer eindeutig am Gesichtsausdruck erkennen kann). Eine Sucht, die einsam macht.

Denn Wurfspiele verhindern die Kommunikation mit Artgenossen, führen zu Streit und Raufereien und nicht selten zu schweren Verletzungen. Vielfach sieht man Hundehalter, die, noch während ihr Hund sich mit Artgenossen beschäftigt, ein Bällchen zücken und ihn so von adäquatem Sozialverhalten in unangebrachtes Suchtverhalten katapultieren. Wurfspiele sind also kein Spiel im eigentlichen Sinne (die Kriterien von Spiel haben wir im vorigen Kapitel kennengelernt), sondern eine meist unkontrollierte Schulung im Jagen und Packen. Mit jedem Wurf lernt der Hund, immer schneller einem auslösenden Reiz hinterherzuhetzen und ihn zu packen. Da ist es auch nicht verwunderlich, dass man dadurch das unkontrollierte Jagdverhalten seines Hundes fördert und schürt bzw. dass dadurch oftmals eine Verschiebung des Beutespektrums entsteht und diese Hunde auch nach sich bewegenden Objekten schnappen, also nach Autos, Skateboards, aber auch nach anderen Hunden oder Kindern (Feddersen Petersen 2008).

Im Rausch

Nur selten werden solche Wurfspiele nämlich richtig aufgebaut. Viel zu oft dienen sie nur dazu, den Hund „auszulasten", ohne sich selbst dabei allzu viel bewegen zu müssen. Doch dass dieses „Auslasten" ohne sinnvollen Aufbau und Abbruch eben kein Auslasten ist, sondern den Hund nur hochdreht und süchtig danach macht, sein Verhalten wieder und wieder abzuspulen, wird dabei nur allzu leicht übersehen. Leider wird der Gesichtsausdruck des Hundes dabei gern mit Freude verwechselt. Doch bei Freude ist das Gesicht des Hundes entspannt. Nicht so beim Erwarten des Balls. In Wahrheit befindet sich der Hund dabei nämlich im Rausch seiner körpereigenen „Suchtstoffe".

Sucht lässt wenig Platz für überlegtes Handeln. Sie ist vorwiegend eine Reaktion und Erfüllung eines Antriebs. Damit beinhaltet sie aber auch jede Menge Gefahren, denn was passiert, wenn der Ball über eine Straße rollt? Oder wenn andere Hunde dazukommen?

Noch abrufbar?

Ein kleiner Test für Sie und Ihren Hund sei zu diesem Thema noch mit auf den Weg gegeben: Werfen Sie (sofern Sie Wurfspiele praktizieren) das nächste Mal das Objekt Ihrer Wahl dreimal hintereinander und lassen Sie Ihren Hund wie gewohnt hinterherhetzen. Beim vierten Wurf aber rufen Sie Ihren Hund auf halber Strecke wieder zurück, nachdem er losgeschossen ist. Wenn er Sie dabei eiskalt ignoriert und weiter hinter dem Objekt herschießt, wird es Zeit, etwas dagegen zu unternehmen.

Wenn man sich also unbedingt für das Werfen von Gegenständen entscheiden will, sollte der Hund in seinem Bedürfnis hinterherzuhetzen zumindest jederzeit unterbrechbar sein, sollte man vor dem Loslaufen dem Hund das ruhige und geduldige Ausführen einer oder mehrerer Gehorsamsübung/en (z. B. Platz und Bleib) abverlangen können und sollte man ihm erst nach Orientierung an seinen Menschen die Freigabe zum Suchen des Objekts erteilen.

Sonst aber gibt es bessere Möglichkeiten, den Hund auszulasten und die Beziehung zu ihm zu intensivieren.

Zusammenfassend ...

...kann man sagen, dass das Leben mit dem besten Freund viele Facetten hat: harmonische Momente ebenso wie Konflikte, ein Gefühl der Zusammengehörigkeit ebenso wie ein Gefühl der Enttäuschung, wunderbare Erlebnisse wie auch haarsträubende Momente.

Denn Hundehaltung ist immer eine Partnerschaft zwischen zwei Individuen, die auf gegenseitigem Geben und Nehmen basiert. Diese artübergreifende Gemeinschaft ist die längste, die wir Menschen kennen, und auch die erfolgreichste, die wir haben. Dies wiederum liegt in der verblüffenden Ähnlichkeit des Hundes mit uns Menschen, vor allem in Hinblick auf sein Sozialverhalten und sein Verständnis, unsere Kommunikation richtig zu deuten. Letzteres ist bereits seit einigen Jahren intensiver Gegenstand der Forschung, liefert jährlich viele neue Erkenntnisse und man darf auch künftigen Einsichten in die Denkweise und Gefühlswelt unserer Hunde gespannt entgegenblicken. Denn diese Erkenntnisse verdeutlichen, wie nah Mensch und Hund sich tatsächlich stehen und zeigen uns Hundehaltern, was wir tun können, um unsere vierbeinigen Gefährten bestmöglich in ihr gemeinsames Leben mit uns einzuführen. Denn nur wer weiß, wie sein Hund tickt, der kann ihm auch helfen zu lernen.

Wie wir in diesem Buch gesehen haben, ist Hundeerziehung daher so viel mehr als das bloße Abspulen von Kommandos. Sie erfordert vom Hundehalter die Balance zwischen „Partner fürs Leben" und „Erziehungsberechtigtem" und hat damit mehr mit Beziehungsfindung, Selbsterkenntnis und dem Meistern von Alltagssituationen zu tun als mit dem Einstudieren von Bewegungsabläufen (wie etwa einem „Sitz"). Sie ist ein 24-Stunden-Job, der daraus besteht, dem Hund Rechte zuzugestehen, von ihm Pflichten abzuverlangen, ihn aber auch zu unterstützen und sich auf seine Sichtweise einzulassen. Und bedeutet damit oft mehr Arbeit an sich selbst als am Hund.

Hundeerziehung meint auch die Art und Weise, wie man als Mensch mit seinem Hund umgeht, was man ihm erlaubt, was von ihm verlangt wird und wie man mit ihm leben möchte. Daher (und eben weil jedes Mensch-Hund-Team individuell ist) gestaltet es sich auch als so schwierig, eine Erziehungshilfe in Buchform zu präsentieren.

Was man aber zusammenfassend sagen kann ist, dass eine erfolgreiche Hundeerziehung auf 5 Säulen steht:

1. Fachwissen
2. Beziehungsarbeit
3. Erziehungsarbeit
4. Artgerechte Haltung
5. Respekt vor dem Individuum Hund, aber auch vor sich selbst

Hat man als Halter hier gute Basisarbeit geleistet, führt das zu einem
— entspannten,
— wesensfesten,
— orientierten,
— gut sozialisierten,
— kooperativen,
— kontrollierbaren,
— und abrufbaren Hund mit hohem Sicherheitsempfinden.

Ein solcher Hund fühlt sich wohl, gut aufgehoben und schätzt seinen Menschen als Bindungspartner. Der Grundstein für eine harmonische Beziehung ist gelegt.

Diese Beziehung funktioniert aber – wie eben auch bei uns Menschen – nicht ohne Reibung und ein Abgleichen aneinander.

Sie ist vielmehr ein Findungsprozess, in dem es gilt, die positiven Eigenschaften und Grenzen des Gegenübers kennenzulernen und zu verstehen, um gegenseitiges Verstehen und gegenseitigen Respekt aufbauen und so eine innige Freundschaft und ein blindes Vertrauen erzeugen zu können.

Dass das nicht von heute auf morgen geht, versteht sich von selbst. Man braucht dazu gute Nerven, eine gewisse Portion Geduld, Einfühlungsvermögen, Durchhaltekraft und jede Menge Humor. Denn nicht immer entwickelt sich ein Erziehungsvorgang so, wie man es gern hätte.

Wer aber mit einem Augenzwinkern, Herz und Verstand an der Erziehung seines Hundes bleibt, liegt meistens richtig und wird schon sehr bald dafür belohnt: Mit einer Freundschaft, die so viel mehr ist als eine Kooperation zwischen Mensch und Tier. Sie birgt das flauschige Gefühl der Zusammengehörigkeit und Vertrautheit, bringt Spaß und Lebensfreude, schafft Verständnis und innige Momente. Und lässt dadurch eine Verbindung entstehen, die einzigartig ist und die man, einmal gewonnen, nie wieder missen möchte.

SERVICE

Literatur

Andreassen, G. et al: **My dog is my best friend: Health benefits of emotional attachment to a pet dog.** 2013, Psychology & Society, Vol. 5 (2), 6–23.

Bakir, D. et al: **Die Rechte des Hundes.** Broschüre. Canis-Zentrum für Kynologie.

Bloch, G. und Radinger, E.: **Affe trifft Wolf.** 2012, Kosmos Verlag.

Bloch, G.und Radinger, E.: **Wölfisch für Hundehalter.** 2010, Kosmos Verlag.

Beetz, A. et al: **Effects of social support by a dog on stress modulation in male children with insecure attachment.** 2012a, Front. Psychol., Sep 28, 3, 352.

Beetz, A. et al: **Psychosocial and psychophysiological effects of human-animal interactions: the possible role of oxytocin.** 2012b, Front. Psychol., Jul 9, 3, 234.

Blümel, M.: **Mein Hund und ich.** 2016, Verlag Perlen-Reihe.

Christian, H.E. et al: **Dog ownership and physical activity: a review of the evidence.** 2013, J. Phys. Act. Health, 10(5),750–759.

Cutt H.E. et al: **Understanding dog owners' increased levels of physical activity: Results from RESIDE.** 2008, Am. J. Pub. Health, January, Vol 98, No.1.

De Lema, B. et al: **Smell, lung cancer, electronic nose and trained dogs.** 2014, J. Lung. Pulm. Respir. Res., 1(2), 00011.

Druzhkova, A.S. et al: **Ancient DNA analysis affirms the canid from Altai as a primitive dog.** 2013, PLoS One, 8(3), e57754.

Edelmann, B.: **Zughundetraining.** 2015, Oertel u. Spörer.

Feddersen-Petersen, D.: **Ausdrucksverhalten beim Hund: Mimik und Körpersprache, Kommunikation und Verständigung.** 2008, Kosmos Verlag.

Feddersen-Petersen, D.: **Hundepsychologie: Sozial-verhalten und Wesen, Emotionen und Individualität.** 2004, Kosmos Verlag, 4. Auflage.

Gansloßer, U. und Kitchenham, K.: **Beziehung – Erziehung – Bindung: Forschung im Dienst des Mensch-Hund-Teams.** 2015, Kosmos Verlag.

Gansloßer, U. und Strodtbeck, S.: **Kastration und Verhalten beim Hund.** 2011, Verlag Müller Rüschlikon, 2. Auflage

Grewe, M. und Meyer, I.: **Hunde brauchen klare Grenzen.** 2010, Kosmos Verlag.

Grunow, A. und Langkau, R.: **Mantrailing.** 2011, Kosmos Verlag.

Hallgren, A.: **Stress, Angst und Aggression bei Hunden.** 2011, Cadmos Verlag.

Handelman, B.: **Hundeverhalten: Mimik, Körpersprache und Verständigung.** 2010, Kosmos Verlag.

Heberer, U. und Mrozinski, N.: **Aggressionsverhalten beim Hund.** 2016, Kosmos Verlag.

Hoffman C.L. et al: **Do dog behavioral characteristics predict the quality of the relationship between dogs and their owners?** 2013, Hum. Anim. Interact. Bull., 1(1), 20–37.

Horn, L. et al: **Dogs' attention towards humans depends on their relationship, not only on social familiarity.** 2013, Anim. Cogn., May, 16(3), 435–43.

Kis, A. et al: **Oxytocin receptor gene polymorphisms are associated with human directed social behavior in dogs (Canis familiaris).** 2014, PLoS One, Jan 15, 9(1), e83993

Kotrschal, K.: **Wolf-Hund-Mensch.** 2014, Verlag Piper.

Krämer, E.M.: **Der große Kosmos Hundeführer.** 2009, Kosmos Verlag.

Marshall-Pescini, S. et al: **The effect of domestication on inhibitory control: wolves and dogs compared.** 2015, PLoS One, Feb 25, 10(2), e0118469

Miklósi, A.: **Hunde. Evolution, Kognition und Verhalten.** 2011, Kosmos Verlag.

Miklósi, A. et al: **A simple reason for a big difference: wolves do not look back at humans, but dogs do.** 2003, Current Biology, Vol. 13, 763–766

Ortbauer, B.: **Auswirkungen von Hunden auf die soziale Integration von Kindern in Schulklassen.** 2001, 9. Int. Kongress über die Mensch-Tier-Beziehung.

Ovodov, N.D. et al: **A 33,000-year-old incipient dog from the Altai mountains of Siberia: Evidence of the earliest domestication disrupted by the last glacial maximum.** 2011, PLoS ONE 6(7), e22821.

Owen, C.G. et al: **Family dog ownership and levels of physical activity in childhood: Findings from the Child Heart and Health Study in England.** 2010, Am. J. Public Health. September, 100(9), 1669–1671.

Räber, H.: **Enzyklopädie der Rassehunde.** 2001, Kosmos Verlag.

Range, F.: **Wie denken Tiere?** 2009. Wirtschaftsverlag Ueberreuter.

Range, F. et al: **Testing the myth: tolerant dogs and aggressive wolves.** 2015a, Proc. Biol. Sci., May 22,282(1807),20150220.

Range, F. und Virányi, Z.: **Tracking the evolutionary origins of dog-human cooperation: the"CanineCooperation Hypothesis".** 2015b, Front. Psychol., Jan 15, 5, 1582.

Scheibeck, R. et al: **Elderly people in many respects benefit from interaction with dogs.** 2011, Eur. J. Med. Res., 16(12), 557–563.

Siniscalchi, M. et al: **"Like owner, like dog": Correlation between the owner's attachment profile and the owner-dog bond.** 2013 PLoS One, 8(10), e78455.

Sirard, J.R. et al: **Dog ownership and adolescent physical activity.** 2011, Am. J. Prev. Med., 40(3), 334–337.

Skoglund, P. et al: **Ancient wolf genome reveals an early divergence of domestic dog ancestors and admixture into high-latitude breeds.** 2015, Current Biology, Volume 25, Issue 11, 1515–1519.

Thalmann, O. et al: **Complete mitochondrial genomes of ancient canids suggest a European origin of domestic dogs.** 2013, Science, Nov 15, 342(6160), 871–874.

Thiess-Blanke, A.: **Schulungsunterlagen zur K9 BTT-Trainerausbildung,** Stand Dezember 2015.

Torres de la Riva, G. et al: **Neutering Dogs: Effects on Joint Disorders and Cancers in Golden Retrievers.** 2013, PLoS One, 8(2), e55937.

Wachtel, H.: **Das Buch vom Hund: Die Symbiose zwischen Hund und Mensch.** 2002, Cadmos Verlag.

Wallis, L.J. et al: **Lifespan development of attentiveness in domestic dogs: drawing parallels with humans.** 2014, Front. Psychol., Feb 7, 5, 71.

Wedl, M., et al: **Relational factors affecting dog social attraction to human partners.** 2010, Interaction studies, 11 (3), 482–503.

Westgarth, C. et al: **Dog ownership during pregnancy, maternal activity, and obesity: A cross-sectional study.** 2012, PLoS One, 7(2), e31315.

Wilcox, B. und Walkowicz, C.: **Kynos Atlas Hunderassen der Welt.** 2004, Kynos Verlag, 6. Auflage.

Wood, L. et al: **The pet factor - companion animals as a conduit for getting to know people, friendship formation and social support.** 2015, PLoS One, 10(4), e0122085.

Wright, H.F. et al: **Acquiring a pet dog significantly reduces stress of primary carers for children with autism spectrum disorder: A prospective case control study.** 2015, J. Autism. Dev. Disord., 45, 2531–2540.

Zimen, E.: **Der Hund: Abstammung – Verhalten – Mensch und Hund.** 1992, Goldmann Verlag.

Zimen, E.: **Der Wolf: Verhalten, Ökologie und Mythos.** 2003, Kosmos Verlag.

Dank

Natürlich darf ein DANKE nicht fehlen.
Ein Danke an alle Hunde und Menschen, die mich zu diesem Buch inspiriert haben und mir täglich aufs Neue zeigen, wie wunderbar und lehrreich meine Arbeit sein kann.

Namentlich sollen hier allen voran Gabi und Toni Weiss genannt werden, ohne die dieses Buch nicht das wäre, das es ist. Sie haben mich nicht nur dazu angespornt, all die Informationen so zu verfassen, wie ich sie auch in meinen Stunden vermittle, sondern mir außerdem bei der Gestaltung dieses Buches unermüdlich zur Seite gestanden und mich so sehr mit Rat und Tat unterstützt.

Ein großes Dankeschön geht auch an alle Hunde- und Menschenmodels, die sich so unkompliziert und bereitwillig für die Fotoshootings zur Verfügung gestellt haben und mit denen dieses Einfangen von Momenten aus dem Leben von Mensch und Hund ein wahres Vergnügen war (Menschen und Hunde mit gleicher Wohnadresse werden von mir immer als „Familien" tituliert):
Familie Cisar, Familie Dietz, Familie Elnekheli, Familie Ertl, Familie Exner, Familie Gerlach, Familie Grimus, Familie Hala, Familie Hartenthaler/Klingler, Familie Koliha, Familie Krötlinger, Familie Mayer, Familie Meyer, Familie Moser, Familie Pankl, Familie Pospichal, Familie Schwarzinger-Zezula, Familie Seiz/Pröll, Familie Steiner, Familie, Traxler, Familie Wegerer, Familie Weiss, Familie Wohanka und natürlich allen zwei- und vierbeinigen Mitglieder der TINO-Familie (Tiere in Not Odenwald).

Ein mindestens ebenso großes Dankeschön geht aber natürlich auch an die unglaublichen Fotografinnen und Fotografen, die die Hunde, ihre Menschen und deren Beziehung zueinander so wunderbar eingefangen und mein „Kopfkino" in unübertreffliche Bilder verwandelt haben: Danke Harald Eisenberger, Cerstin Deppe, Andreas Schwarz, Bianca Traxler, Kathi Hartenthaler, Gabi Weiss, Leon Exner, Pia Göpfert und Otso Kähönen für die phantastischen Fotos!

Ein besonderer Dank geht auch an meine gute Fotofee Christine Angerer, die schöne Bilder einfach noch schöner werden lässt!

Und wo wir schon beim Thema Fotos sind: ein großes Dankeschön geht natürlich auch an alle Teilnehmer unseres Fotowettbewerbs! Die Vielzahl an wunderbaren und stimmungsvollen Bildern hat die Auswahl einiger weniger Fotos zu einem harten Stück Arbeit werden lassen.

Ein besonderer Dank darf nicht fehlen und geht an Alice Rieger vom Kosmos Verlag, die mir im unermüdlichen Email-Verkehr beigestanden und überaus diplomatisch versucht hat, meine Vorstellungen mit jenen des Verlags auf einen Nenner zu bringen.

Mein abschließendes und innigstes Dankeschön geht an meinen Mann, meinen Fels und Ruhepol, der mir nicht nur immer mit Rat und Tat zur Seite steht, sondern auch stets die richtigen Worte findet, um mich aufzumuntern oder mich in meiner Arbeit wieder ein Stück voranzubringen.

Und natürlich an meine Hunde:
An Perikles, meinen Once-in-a-lifetime-dog, der mich durch seine spezielle und feinfühlige Art nicht nur täglich aufs Neue fasziniert und amüsiert, sondern der mich auch am meisten über Hunde und ihr Verhalten gelehrt hat.
An Sayuri, meinen Sonnenschein, die mir mit ihrem unerschütterlichen Gemüt und ihrer fröhlichen Art sogar dann ein Lächeln entlockt, wenn es nicht angebracht wäre.
Und an meine beiden Neuzugänge, die während dieses Buches zu mir gefunden haben: An Kylie, mein Schnitzelchen, die als kleines Nervenbündel begonnen und sich so sehr gemausert hat und an Ferdinand, meinen Grinsekater, der mir zwar in guten Zeiten beisteht, in schlechten Zeiten aber nicht mehr von meiner Seite weicht.

Register

BILDNACHWEIS

Mit Farbfotos von Anna Auerbach (2: S. 145, 170), Anna Auerbach/Kosmos (2: S. 179 beide), Mariella Blümel (19: S. 26, 53, 74, 82 beide, 84, 88, 90 – 91 M., 110 u., 114, 127, 133, 135, 138, 156, 157, 175, 192, 203), Cerstin Deppe (63: S. 10 u., 13 beide, 17, 18 alle 3, 22, 23, 24, 27, 28 beide, 29, 37, 45 u. l., 48, 49, 54, 56, 57 beide, 66 o., 72, 73, 76, 77, 78, 79, 80, 91, 100, 102, 103, 104, 108, 120, 122 o., 128 alle 3, 131, 140, 142, 146, 147 l., 150, 151 beide, 152 o., 159, 160 o. l., 162, 168 beide, 169, 176 alle 3, 178, 190, 195, 199), Harald Eisenberger (42: S. 5, 6, 8, 21, 32 o., 35, 38, 40, 42, 45 u. r., 46, 50, 52, 58, 60, 64 r., 87 beide, 90, 94, 96, 109 beide, 110 o., 112, 116, 117, 118, 124, 147 r., 148, 152 u., 160 o. r., 160 u., 172 o., 183, 187, 191, 196, 200, 204), Leon Exner (1: S. 85), Pia Goepfert (1: S. 137), Rebecca Hänsch (1: S. 122), Katharina Hartenthaler (9: S. 14, 32 u., 64 l., 66 u., 69, 70, 92 u., 115, 193), Sandra Ilgaz (1: S. 15), Otso Kaehoenen (1: S. 184), Carina Schindler (1: S. 92 o.), Heike Schmidt-Röger/Kosmos (1: S. 165), Andreas Schwarz (6: S. 12, 62, 63, 172 u., 180, 181), Shutterstock (6: ©dezi S. 185, ©jtairat S. 155 u., ©Holl Kuchera S. 10 o., ©Palo_ok S. 167, ©smith 1972 S. 155 o. l., ©Nikolai Tsvetkov S. 155 o. r.), Gabi Stickler (1: S. 2), Bianca Traxler (6: S. 45 o., 65, 68, 99, 106, 126), Gabi Weiss (5: S. 31, 125, 132, 141), Marlis Wöbber (1: S. 95).

IMPRESSUM

Umschlaggestaltung von GRAMISCI Editorialdesign unter Verwendung von 5 Farbfotos von Harald Eisenberger (U1, U4, Klappen) sowie eines Farbfotos von Mariella Blümel (hintere Klappe außen).

Mit 166 Farbfotos.

Unser gesamtes Programm finden Sie unter **kosmos.de.**
Über Neuigkeiten informieren Sie regelmäßig unsere
Newsletter, einfach anmelden unter **kosmos.de/newsletter**

Gedruckt auf chlorfrei gebleichtem Papier

© 2017, Franckh-Kosmos Verlags-GmbH & Co. KG, Stuttgart.
Alle Rechte vorbehalten
ISBN 978-3-440-15127-3
Redaktion: Alice Rieger
Gestaltungskonzept: GRAMISCI Editorialdesign, München
Gestaltung und Satz: Atelier Krohmer, Dettingen/Erms
Produktion: Eva Schmidt, Andrea Hehn
Druck und Bindung: Print Consult GmbH, München
Printed in Printed in Slovakia / Imprimé en Slovaquie

FSC
www.fsc.org
MIX
Paper from
responsible sources
FSC® C084279